长江上游河道砂石

资源管理研究与实践

李志晶　陈齐　金中武　周银军　等◎著

长江出版社
CHANGJIANG PRESS

前　言

　　长江上游承担着流域水源涵养和自然生态平衡的重任,并且在国家经济发展与社会稳定中发挥着不可替代的作用。然而,随着水利工程建设体系的不断完善,长江上游河道正面临着一系列前所未有的挑战,其中,水库淤积严重,砂石资源供需矛盾突出,河道采砂管理面临新形势。本书全面剖析了长江上游河道砂石资源的现状、问题与管理实践,深刻分析了砂石资源供需矛盾的根源,提出了实现砂石资源可持续利用与生态环境保护的策略与建议,旨在为破解当前困境提供科学依据与可行路径。

　　长江上游河道砂石资源丰富,是建筑、交通等基础设施建设不可或缺的重要原材料。然而,随着城镇化进程的加快和基础设施的大规模建设,砂石需求量急剧增加,供需矛盾日益尖锐。无序、过度的采砂活动不仅破坏了河道结构,影响行洪安全,还加剧了水土流失,损害了生态环境。面对日益严峻的挑战,我国河道采砂管理进入了一个新的阶段。从法律法规的完善到监管体系的构建,从科技创新的应用到社会共治的探索,一系列新举措、新机制应运而生。本书深入分析了当前我国河道采砂管理的新形势,总结了近年来在砂石资源管理方面的创新实践与成功经验,包括建立科学合理的砂石资源规划体系、实施严格的采砂许可制度、推广采运监管新技术、加强跨部门协作与社会监督等。这些实践不仅为我们提供了宝贵的经验,还为我们指明了未来的发展方向。

　　本书是对长江上游河道砂石资源管理这一复杂而重要议题的深刻洞察与全面回应。它不仅是理论研究的结晶,更是指导实践的参考书。通过本书的出版,我们希望能够引起社会各界对长江上游生态保护与资源管理的更多关注,激发更多智慧与力量,共同守护这条母亲河的健康与活力。

　　本书共7章。第1章介绍了长江上游流域产沙概况和长江上游水库拦沙情况,第2章介绍了砂石行业供需形势,第3章介绍了长江上游河道采砂规划,第4章介绍了长江上游河道采砂管理现状与问题,第5章分析了长江上游河道采砂管理关键要素，第 6 章介绍了长江上游河道采砂管理政策建议，第 7 章介绍了长江上游典型河段采砂规划与监管实践。本书编写人员分工如下：第 1 章由李志晶、陈齐、杨绪海编写，第 2 章由李志晶、陈齐、刘玉娇、王奕森编写，第 3 章由李志晶、周银军、闫霞、张国帅编写，第 4 章由陈齐、金中武、李志晶、周其航编写，第 5 章由陈齐、金中武、李志晶、李文奇编写，第 6 章由陈齐、金中武、李志晶编写，第 7 章由郭超、陈齐、李志晶、周银军编写。全书由李志晶、陈齐、金中武、周银军统稿。

本书受国家自然科学基金面上项目"水库下泄非恒定流作用下宽级配床面结构形态演化机理研究"（52479058）、中央级公益性科研院所基本科研业务费"新水沙条件下三峡水库关键水色要素时空演变机制研究"（CKSF2024988/HL）、国家自然科学基金重点项目"长江源区游荡型河流水沙相互作用与河床演变机制研究"（52239007）、国家重点研发计划专题"长江黄河源区大数据和知识挖掘技术开发"（2022YFC3201703-05）、国家自然科学基金重点项目联合基金项目"长江源区水沙动态过程及多因素耦合演变机制与模拟"（U2240226）、长江科学院院级国际联合研究团队"水库淤积控制及淤沙资源化利用"（CKSF2023397/HL）、中央级公益性科研院所基本科研业务费"长江及西南诸河源区河流系统变化及适应性保护研究"（CKSF2024324/HL）、中央级公益性科研院所基本科研业务费"水库下游非恒定流条件下泥沙输移与河床演化研究"（CKSF20241011/HL）、中央级公益性科研院所基本科研业务费"金沙江下游宽级配泥沙输移特性及河床演变规律研究"（CKSF2023292/HL）、"河道采砂管理系统性关键要素研究"（CKSK2024490/HL）资助，特此致谢！

因作者水平和时间有限，本书难免存在不妥之处，敬请读者批评指正！

作　者
2024 年 10 月

目 录

CONTENTS

第1章 绪 论

1.1 长江上游流域产沙概况

长江发源于青藏高原的唐古拉山脉,全长约6300km,是中国第一、世界第三长的河流(仅次于亚马孙河和尼罗河)。长江上游是指宜昌站以上的这一段水系,全长4503km,约占长江全长的71.5%,流域面积约100.51万km²,顺流而下依次经过青海、西藏、四川、云南、重庆、湖北6个省(自治区、直辖市),涉及多个重要的城市和地区,如四川省攀枝花市,云南省昭通市,四川省宜宾市、泸州市,重庆市及下辖万州区、云阳县、奉节县、巫山县等。流域总人口约1.68亿,森林、矿产、天然气资源丰富,工业、农业、旅游业较发达。长江上游水系见图1.1-1。

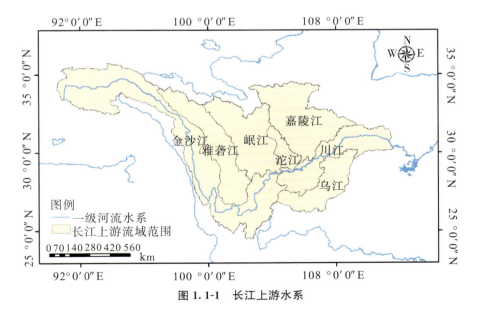

图1.1-1 长江上游水系

长江上游流域位于90°30′～111°17′E、24°28′～35°46′N,介于我国第一、二级阶梯过渡带,地貌类型极其丰富,主要有山地、山原、丘陵、盆地等,地势西高东低,海拔400～5100m。长江上游流域气候类型复杂多样,主要有高原山地气候、热带季风气候、亚热带季风气候,年平均气温在12℃左右,长江上游流域降水量丰富,多年平均降水量为800～1600mm,降水主要集中在5—9月。长江上游流域冬、春季节时间较短,其空间分布也极不均匀,由东南向西北逐渐递减。长江上游流域植被覆盖度高且种类繁多,以高原草甸、暗针叶林、常绿阔叶林、灌丛、阔叶林为主,主要的土壤类型有褐土、红壤土、黄壤土、石灰土、高山草甸土。

(1)径流特征

长江上游河道复杂多样,具有独特的地理位置、地形地貌、气候特征和水文特征,拥有众多的重要支流,如雅砻江、岷江、沱江、嘉陵江、乌江等。这些支流不仅为长江干流提供了丰富的水量补给,还形成了各自独特的水文景观和生态系统。径流的补给主要靠降水、地下水和部分高山冰雪融水,其中,以降水补给为主,此外,也有少量河源地区的高山冰雪融水、冰川径流和地下水。径流分布与降水分布特征基本一致,但是还受到地形地质和其他人类活动等综合因素的影响,在总体上既有空间上的地带性分布,也有区域内的特殊变化,在年际也有明显的变化趋势。

(2)产沙特征

长江上游地区是我国水土流失最严重的地区之一,土壤侵蚀影响区域的经济与环境安全。长江上游地区坡耕地面积分布广,土壤侵蚀量大,土壤养分流失严重,影响了该区域的粮食生产。土壤侵蚀产沙是长江河道泥沙的主要来源,侵蚀导致河道淤积,引发洪涝灾害,破坏区域经济发展,危害生态安全。据估算,长江上游四大土壤侵蚀重点地区(金沙江下游地区、嘉陵江中下游地区、嘉陵江上游地区、三峡库区)坡耕地年土壤侵蚀面积约为33.7万km²。

20世纪80年代,长江上游地区严重的水土流失引起了社会的广泛关注。因此,我国先后启动了长江上游水土保持重点防治工程、天然林资源保护工程和退耕还林还草工程。随着上述三项工程的长期实施和长江上游生态屏障建设工程的进一步推进,长江上游地区土壤侵蚀和水土流失状况得到持续改善,流域水土流失面积大幅缩小,水土流失强度逐年下降。据统计,与2011年相比,2017年水土流失面积减少了3.19万km²,减幅为11.4%,2012—2017年累计新增水土流失治理面积4.1万km²,退耕还林还草范围不断扩大,森林覆盖率提高到42.5%,长江上游生态环境整体转为良性循环。

由于区域侵蚀条件不同,长江上游产沙分布也具有较大差异。自长江源头至白龙江上游一带,多发生自然侵蚀,该区域属于弱产沙区;嘉陵江上游、金沙江下游、大渡河下游一带位于四川盆地和青藏高原过渡带,山谷高差悬殊较大,地质构造尤为复杂,地质灾害频发,加上人类活动强度较大,该区域内产沙量较大;岷江上游、乌江流域、三峡地带为一般产沙区,发生的侵蚀主要以面蚀为主。与径流的变化相似,长江上游输沙量主要集中于汛期,上游宜昌站多年平均输沙量为 4.03 亿 t,多年平均含沙量约为 $0.94 kg/m^3$。

此外,长江上游地区是我国重要的经济区域之一,拥有丰富的矿产资源和水电资源。随着国家西部大开发战略的深入实施,长江上游地区的经济发展呈现出强劲势头。长江上游河道的治理和开发对区域经济社会发展具有重要意义。建设水电站、水库等水利工程设施,不仅缓解了区域局部性和季节性的水资源短缺问题,还促进了当地经济社会的发展和人民生活水平的提高。

1.1.1　金沙江

长江干流流经青海省玉树藏族自治州的治多县、曲麻莱县、称多县,在玉树州直门达(称多县歇武镇直门达村,巴塘河汇入口)以下,开始被称为金沙江。金沙江是长江上游的重要组成部分,它穿行于四川、西藏、云南之间,其间接纳了最大的支流——雅砻江。金沙江继续向下游流动,直至四川省宜宾市纳岷江后才正式被称为长江。

金沙江全长约 3500km,从青海省和四川省交界的玉树州直门达(巴塘河口)开始,一直延伸到四川省宜宾市翠屏区的合江门。金沙江可以分为 3 个不同的河段:上游从玉树州巴塘河口至石鼓镇,长度为 965km,河道平均比降为 1.75‰;中游从石鼓镇至攀枝花市雅砻江口,长度为 564km,河道平均比降为 1.48‰;下游从攀枝花市至宜宾市,长度为 762km,河道平均比降为 0.93‰。

金沙江的落差高达 3300m,拥有丰富的水力资源,可利用水力资源总量超过1 亿 kW,占长江水力资源总量的比例超过 40%。为了充分利用这些资源,在金沙江干流上规划了一系列的梯级水电开发项目。金沙江的自然条件十分特殊,水流湍急且河床陡峭,这使得金沙江的航行条件非常恶劣。由于河床陡峻和水流的侵蚀作用强烈,因此金沙江是长江干流宜昌站泥沙的主要来源之一。总体而言,金沙江不仅是长江上游重要的水资源和能源基地,还因其独特的地理环境和自然景观,在对长江流域的水文地质学的研究中具有重要意义。

(1)上游

金沙江上游从青海省玉树州巴塘河口开始,流向东南方向,经过玉树州直门达,至真达(石渠县真达乡)进入四川省石渠县境内,随后在四川省与西藏自治区之间奔流。金沙江经过西藏江达县邓柯乡、川藏要塞岗托镇等地,过赠曲河口后转向西南方向,到达白玉县西北的欧曲河口,再折向西北,不久后又恢复南流,穿过藏曲河口、热曲河口,最终经过巴塘县(巴曲河口)抵达德钦县东北部进入云南省境。金沙江继续流经松麦河口、奔子栏等地,直至石鼓镇(玉龙纳西族自治县石鼓镇)。上述江段被认为是金沙江的上游部分。上游全长 965km，落差为 1,720m，平均坡降为 1.78‰。金沙江上游水系见图 1.1-2。

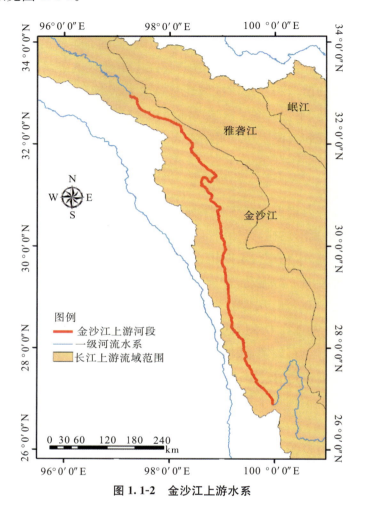

图 1.1-2　金沙江上游水系

金沙江上游的左岸自北向南分布着高大的雀儿山、沙鲁里山、中甸大雪山；右岸则对向分布着达玛拉山、芒康山、云岭等山脉。河流流向多沿南北向的大断裂带或与褶皱走向一致，被高山夹峙的河谷宽度一般在 100～200m，狭窄处宽度仅在 50～100m。金沙江右岸芒康山—云岭以西是澜沧江流域，澜沧江以西越过高耸的他念他翁山—怒山则是怒江流域；金沙江左岸沙鲁里山以东是金沙江的最大支流雅砻江。这几条大河被高山紧紧约束，大致平行南流，形成了横断山区这一独特的地理单元，谷峰相间如锯齿，江河并肩向南流淌。

金沙江上游山高谷深，峡谷险峻。除了在支流河口处洪积锥和冲积锥的分布使得河谷稍微宽阔一些外，大部分河谷两侧的坡度都很陡峭，一般为 35°～45°，有些河段的悬崖峭壁为 60°～70°或者甚至超过 70°。在邓柯乡至奔子栏的近 600km 深谷河段,岭谷之间的高差为1500~2000m。两岸分水岭之间的范围较为狭窄,流域平均宽度约为120km,在邓柯乡附近的最窄处仅为50~60km,而在白玉县附近的最宽处也不超过150km。由于流域宽度不大,支流发育有限,因此水网结构大致呈树枝状,局部河段的短小支流垂直注入主河道,形成"非"字形水网结构。

（2）中游

金沙江中游从云南省丽江市玉龙纳西族自治县石鼓镇延伸至四川省攀枝花市雅砻江段,江水在这段区域奔腾于四川与云南两省之间。金沙江流经石鼓(位于玉龙纳西族自治县石鼓镇)后,其流向由原本的东南方向急转为东北方向,形成了一个独特的"U"形大弯道。这一弯道标志着长江流向的一个急剧转折,被誉为"万里长江第一湾"。金沙江中游水系见图1.1-3。

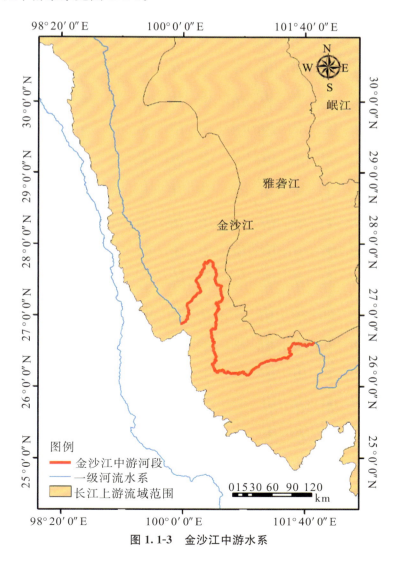

图 1.1-3　金沙江中游水系

石鼓以下,江面逐渐变窄,直至左岸支流硕多岗河与香格里拉市、桥头镇之间的交汇点。从这里往东北不远处,江水便进入了举世闻名的虎跳峡。虎跳峡全长约16km,落差达到220m,平均坡降约为13.8‰,是金沙江流域中落差最为集中的河段之一。在峡谷中,江面宽度为30~60m,并且有一块巨大的岩石矗立于江心,相传曾有猛虎在此跃江而过,这块石头因此得名为虎跳石,虎跳峡也因此而得名。峡谷内水流湍急,最大流速可达到10m/s。峡谷的右岸是海拔5596m的玉龙雪山,左岸则是海拔5396m的哈巴雪山,这两座山常年积雪覆盖。峡谷底部的海拔不足1800m,峰谷之间的高差超过3000m。峡谷两岸的谷坡陡峭险峻,悬崖峭壁直立,呈现出典型的"V"形峡谷地貌特征。

金沙江流出虎跳峡后继续向东北方向流淌,直至三江口(位于宁蒗县拉伯乡、香格里拉市洛吉乡、玉龙县奉科镇、木里县俄亚乡的交界处)。在这里,金沙江接纳了来自左岸的水洛河,随后又急转南向,形成了金沙江干流最大的弯道。从三江口向南,江水穿行于左岸的绵绵山脉与右岸的玉龙雪山之间。经过左岸五郎河口(位于云南省永胜县境内,境内长度为215km),金沙江在金江桥附近曾规划有一个名为梓里水利枢纽的坝址。从石鼓下游的仁和镇至大弯道南段的梓里,河道弯转长达264km,而直线距离只有32km,落差达到550m,平均坡降约为17.2‰。因此,人们设想通过穿凿隧洞来集中利用这段大弯道的落差,以开发水力资源。

金沙江继续南流,在鹤庆县龙兴村附近接纳了右岸的漾弓江,然后继续向东南方向流动。在云南省大理州和楚雄州境内,金沙江流经金江吊桥、皮厂等地,接纳了右岸的渔泡江,直至攀枝花市。金沙江中游除了金江街、三堆子至龙街、蒙姑镇、巧家县等地为开阔的"U"形河谷(谷底宽度为200~500m,最宽处为1000~2000m,水面宽度为100~200m)之外,大部分河段都是连续的"V"形峡谷。虎跳峡的情况如前所述,而其他河段两岸的山地海拔为1500~3000m,岭谷之间的高差仍然达到1000m。峡谷底部宽度通常为150~250m,最狭窄的地方宽度仅为100~150m,水面宽度为80~100m。因此,金沙江中上游的河谷不仅壮观,而且气势雄伟。

(3)下游

金沙江下游从攀枝花市至宜宾市岷江口,这一段河流长度为762km,河道平均比降为0.93‰。金沙江下游河段不仅水量丰富,而且落差集中,是金沙江乃至整个长江流域水力资源最为丰富的河段之一。金沙江下游水系见图1.1-4。

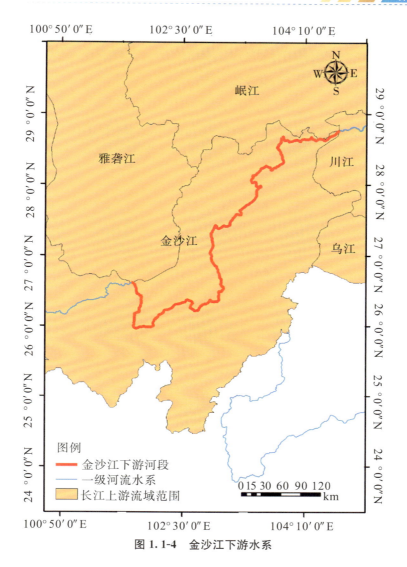

图 1.1-4 金沙江下游水系

从攀枝花水文站以下 15km 处,左岸汇入金沙江最大的支流——雅砻江。雅砻江的汇入使得金沙江的流量显著增加。汇入雅砻江后,金沙江流向南方,直至右岸支流龙川江口(位于云南省元谋县境内)附近再次转向东北方向。

在此过程中,金沙江沿途接纳了多条支流,包括右岸的勐果河(河口位于武定县段 34km 内)、左岸的普隆河,以及位于老君滩滩尾 1.6km 处右岸的普渡河。过了昆明市东川区因民镇,金沙江转向北流,接纳了以泥石流闻名的小江(右岸)。继续向北,金沙江经过蒙姑镇,接纳右岸的以礼河,之后经过巧家县,接纳左岸的黑水河。过了白鹤滩,金沙江接纳左岸的西溪河,再向东北流至昭通市,这里有一条重要的支流——牛栏江从右岸汇入。

之后,金沙江继续向北流,左岸接纳美姑河,再经过雷波县和永善县之间的溪洛渡水利枢纽坝址,向北流约 70km 到达屏山县新市镇。之后,金沙江转向东流,进入四川盆地,途经绥江县、屏山县、水富市、宜宾市安边镇等地。右岸汇入金沙江的最后一条支流——横江,然后金沙江继续流经 28.5km,接纳小溪流马鸣溪进入宜宾市区。在宜宾市区内,金沙江流经 12km 后,最终汇入岷江。下游河段两岸的地形大多位于海拔 500m 以下,仅在向家坝附近山岭的海拔超过 500m,整体属于低山和丘陵地带。河床多砾石,沿岸分布着较为宽阔的阶地,高出江面约 30m。除了横江外,其他支流都比较短小,水网结构呈现格网状。

金沙江下游河段水量大、落差集中,具备丰富的水力资源。规划中的 4 个水电梯级总装机容量约为 38200MW,预计年发电量约为 1700 亿 kW·h,是西部电力向东输送的重要电源基地之一。这些水电站的建设对促进当地经济发展、改善生态环境等方面具有重要作用。金沙江下游不仅是重要的自然水系,还承载着重要的经济功能和社会功能,是西南地区水资源开发和保护的关键区域。

金沙江河床比降大,干流落差约 3300m,支流主要有当曲、楚玛尔河、雅砻江、普渡河、黑水河、牛栏江、小江等,其中最大的一条支流为雅砻江。金沙江流域水量充沛且相对稳定,年际变化相对较小,流域集水面积大,约占长江上游面积的 27.8%,因此,金沙江是长江上游径流的主要来源,其干流出口控制站屏山站多年平均径流量为 1450 亿 m³,占三峡入库径流量的 36.5%。

金沙江分别以石鼓镇、攀枝花市为界,分为上、中、下三段,中游主要为金沙江干流段,控制面积为 2.85 万 km²,年径流量为 568 亿 m³,年输沙量为 0.53 亿 t,多年平均含沙量为 0.89kg/m³。由于河床陡峻、流水侵蚀力强,因此金沙江是长江上游地区含沙量最大的河流之一,屏山站多年平均输沙量为 2.5 亿 t,约占三峡入库输沙量的 63%,是三峡库区泥沙的主要来源,其下游河段区域水土流失极为严重,侵蚀模数为 2500～5000t/km²,部分区域甚至为 5000～10000t/km²。

1.1.2 嘉陵江

嘉陵江流域的东北面以秦岭、大巴山与汉江为界,东南面以华蓥山与长江相隔,西北面有龙门山与岷江接壤,西及西南方向是一条低矮的分水岭与沱江毗连。整个流域大致位于 $102°30'\sim109°E$、$29°40'\sim34°30'N$,主要分布在四川盆地的东北部。

嘉陵江是长江上游左岸的重要支流之一,发源于秦岭山脉,流经陕西省、甘肃省、四川省、重庆市,最终在重庆市注入长江。嘉陵江干流全长 1345km,干流流域面积为 3.92 万 km²。按照地理位置和河流特征,可以将嘉陵江分为上游、中游和下游 3 个部分。嘉陵江流域水系见图 1.1-5。

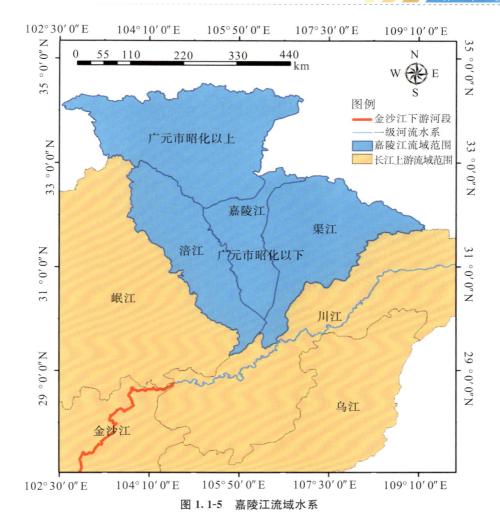

图 1.1-5 嘉陵江流域水系

四川省广元市昭化区以上为嘉陵江的上游。这一段河流曲折蜿蜒,穿行于秦岭、米仓山、摩天岭等山脉之间,河谷切割很深,属于典型的山区河流。河谷狭窄,水流湍急,自然比降达 3.8‰,水能资源丰富,但是多滩险礁石,不利于通航。上游河段支流众多,水量充沛,适合进行水能开发。

昭化区至重庆市合川区为嘉陵江的中游。这一段河流逐渐开阔,河宽为 70～400m,地形从盆地北部的深丘区逐渐过渡到浅丘区,曲流、阶地和冲沟发育明显。中游河段的自然比降较上游更为平缓,约为 0.28‰。这一段河流与涪江、渠江的中下游共同构成了川中盆地,高程在 200～400m,有利于通航。

合川区至重庆市为嘉陵江的下游。这一段河流经过川东平行岭谷区,形成了一系列峡谷河段。地势再次上升为山区地形,河谷宽度在 400～600m,水面宽度在150～400m。在这一段河流中,最为著名的是"嘉陵江小三峡",即沥鼻峡、温塘峡、观音峡,它们是在河流横切华蓥山南延支脉九峰山、缙云山、中梁山后形成的风景秀丽的峡谷。

（1）径流特征

嘉陵江流域河床天然落差约 2300m，主要干流较为明显，支流众多，水系呈典型树枝状分布，流域面积大于 1000km² 的有 11 条，主要支流有白龙江、渠江、涪江。嘉陵江三大水系中干流水量最为丰富，多年平均径流量占北碚站的 38.1%。渠江为嘉陵江左岸支流，流域面积为 3.92 万 km²，干流长 665km，总落差为 1487m，年径流量为 229 亿 m³；涪江为嘉陵江右岸支流，干流长 697km，天然落差为 3730m，流域面积为 3.28 万 km²，年径流量为 149 亿 m³。

（2）泥沙特征

嘉陵江是长江水系中含沙量最大的河流之一。略阳站的年平均含沙量为 7.94kg/m³，最大年含沙量出现在 1959 年，达到 21.5kg/m³，而最小年含沙量出现在 1965 年，仅有 2.15kg/m³。含沙量的最大年份与最小年份之比为 10。含沙量的季节变化非常显著，最大值通常出现在 7 月，最小值则出现在 1 月，两者相差约 1600 倍。这种变化与流域内降水的季节性变化和黄土覆盖有关。

含沙量的季节分布最大年含沙量为 21.5kg/m³（1959 年），最小年含沙量为 2.15kg/m³（1965 年），最大年与最小年含沙量之比为 10，汛期（6—9 月）含沙量占全年的 81.3%，最大月（7 月）含沙量占全年的 30.7%，最小月（1 月）含沙量仅占全年的 0.001%，最大日含沙量为 538kg/m³（1972 年 8 月 29 日）。

嘉陵江是长江上游宜昌站主要的输沙来源，流域上游黄土区土质比较疏松，中下游紫红色页岩易被风化，且河流岸坡较陡，此外受到流域内人为过度耕垦的影响，嘉陵江流域整体植被覆盖度较低，流域内水土流失尤为严重。1988 年全国遥感普查结果显示，嘉陵江流域土壤侵蚀总量为 3.66 亿 t/a，侵蚀模数为 4419t/a，嘉陵江输沙主要来自干流武胜站以上地区、渠江、涪江，其输沙量分别占北碚站的 47.5%、20.6%、13.2%。

1.2 长江上游水库拦沙情况

1.2.1 长江上游水库建设情况

长江上游流域水能蕴藏量大，可开发水电资源较多。据不完全统计，截至 2017 年底，长江上游流域已修建完成大中小型水库共 14753 座，其中大型 109 座，中型 520 座，小型 14124 座（图 1.2-1）；累计总库容约为 1722.73 亿 m³，累计防洪库容约为 397.5 亿 m³。其中，已建成的 109 座大型水库总库容约为 1499.93 亿 m³，占已建成水库总库容的比例超过 87%,是长江上游流域水库库容的主要组成部分;小型水库 14124 座,占已建成水库数量的比例超过 95%,是长江上游流域水库数量的主要组成部分(图 1.2-2)。

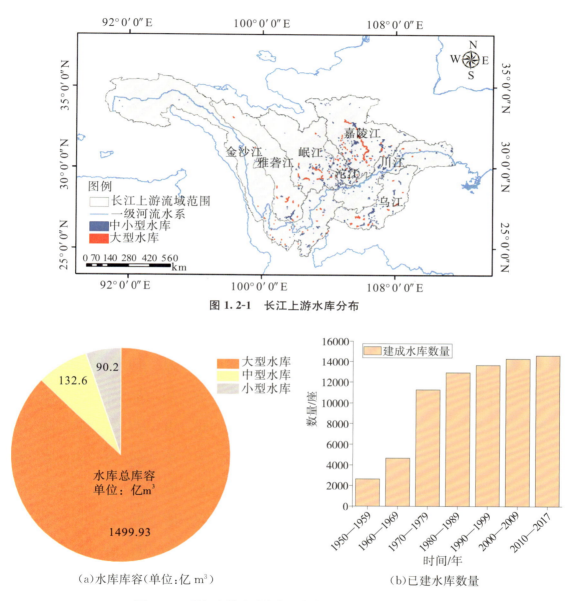

图 1.2-1 长江上游水库分布

图 1.2-2 长江上游流域大中型水库库容及已建水库数量

从水库数量变化过程来看(表 1.2-1),20 世纪 50 年代和 70 年代是长江上游流域水库数量增长最快的时期,水库建设由每年几座增长变为每年几百座增长,其间修建的主要为小型水库,数量达到 9130 座,占修建水库总数的比例超过 98%,修建完成的大型水库仅有 6 座,其中 50 年代有 2 座,分别是 1956 年建成百花湖(库容 2.2 亿 m³)

和 1957 年建成的长寿狮子滩(库容 10 亿 m³),70 年代有 4 座,分别是 1972 年建成的黑龙潭水库(库容 3.6 亿 m³)、1978 年建成的龚嘴水库(库容 3.7 亿 m³)、1977 年建成的碧口水电站(库容 5.2 亿 m³)和三岔水库(库容 2.2 亿 m³)。

表 1.2-1　　　　　　　　长江上游流域水库数量和库容建设情况

时间/年	建成水库数量/座				新增总库容/万 m³	新增防洪库容/万 m³
	大型	中型	小(1)型	小(2)型		
1950—1959	2	43	312	2286	361935	57137
1960—1969	3	30	304	1686	355861	61500
1970—1979	4	85	1026	5506	744524	143784
1980—1989	6	49	359	1215	712091	97940
1990—1999	11	47	138	535	1163436	91307
2000—2009	41	108	135	353	7650512	2495929
2010—2017	42	158	69	63	6130925	1027105
在建	32	118	20	13	5470515	1185576

从 20 世纪 90 年代开始,水库建设数量显著减少,并且呈现持续下降趋势,1990—1999 年、2000—2009 年和 2010—2017 年水库建成数量依次为 731 座、637 座和 332 座,明显低于以往年份,甚至小于以往年份小(2)型水库的建设数量。不过大中型水库数量有所增加,1990—2017 年建成大型水库 94 座。

长江上游流域历年水库总库容变化见图 1.2-3。长江上游水库数量和库容的关系见图 1.2-4。

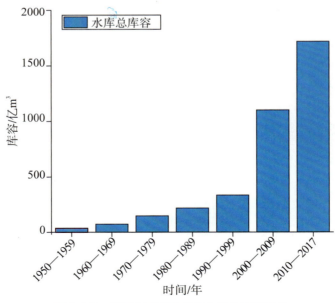

图 1.2-3　长江上游流域历年水库总库容变化

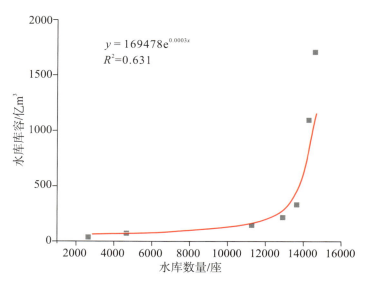

图 1.2-4　长江上游水库数量和库容的关系

　　从水库库容变化过程来看,长江上游流域水库总库容在 20 世纪 60 年代以前处于极低水平,1959 年底总库容仅 3.66 亿 m³,整个流域只有 2 座大型水库。20 世纪 60 年代至 21 世纪 00 年代水库库容开始增长,新增库容约 30 亿 m³。21 世纪 00 年代后迎来水库库容增长的高峰,水库总库容与以往相比增幅极大,几乎是 21 世纪 00 年代前总库容的 5.6 倍,主要是由于大型水库修建带来的跃升。2018 年,长江上游流域水库总库容达到 2259.37 亿 m³,也就是说 2000 年以后,平均每年水库库容增大 10 亿 m³ 左右,特别是在 2009 年出现急剧增长,这可能与 2009 年建成 9 座大型水库有关。这一阶段以大中型水库修建增大新增总库容为主,小型水库几乎可以忽略。此外,长江上游目前在建的水库有 183 座,其中包含大型水库 32 座、中型水库 118 座、小型水库 33 座,在建水库总库容约为 547.1 亿 m³,相当于已建成水库总库容的 31.7%。

　　长江上游建成的众多水库中,平原水库仅为 474 座,其余皆为山丘水库。长江上游流域已建成水库坝型情况见表 1.2-2。从坝型的角度看,土坝占比高达 87.2%,各支流情况与此相同。长江上游流域水库数量分布情况以及水库库容分布情况见图 1.2-5。从水库分布的角度看,绝大多数水库在嘉陵江和长江干流宜宾至宜昌区域,占比分别为 34.9% 和 21%,其次是金沙江流域,占比为 16.8%,沱江水库数量占比为 10.5%,岷江占比为 5.9%,雅砻江占比为 1.3%。从水库库容的角度看,长江干流的库容占比最大,为 31.2%,金沙江占比为 18.3%,乌江占比为 16.5%,嘉陵江占比 14.1%,雅砻江占比 9.8%,岷江占比 8.6%,沱江占比最少,仅为 1.5%。

表 1.2-2　　　　　　　　　　长江上游流域已建成水库坝型情况　　　　　　　　（单位:座）

流域	土坝	混凝土坝	浆砌石坝	堆石坝	碾压混凝土坝	其他
长江上游	12848	364	1210	207	33	70
嘉陵江	4608	99	355	55	7	16
金沙江	2195	57	177	31	7	9
岷江	757	27	60	14	2	1
沱江	1364	30	129	17	2	5
乌江	1076	72	203	40	10	21
雅砻江	167	2	17	4	1	0
宜宾至宜昌	2681	77	269	46	4	18

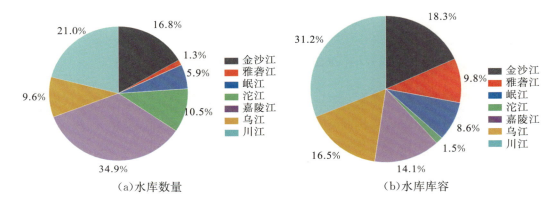

(a)水库数量　　　　　　　　　　　　　　(b)水库库容

图 1.2-5　长江上游流域水库数量分布情况以及水库库容分布情况

已建水库群主要分布在金沙江、岷江、嘉陵江流域的中下游地区,乌江流域的上中游地区,沱江的全流域。从各支流流域水库群分布密度和单位面积库容看,沱江流域水库密度最大,达每 $100km^2$ 6.64 座;长江干流单位面积库容最大,达 11.03 万 m^3/km^2。由此可见,长江上游干流流域水利化程度较高。

因此,可以得出结论:长江上游水库建设在 1990 年以前以小型水库建设为主,水库数量增长明显,在 1990 年以后以大中型水库建设为主,水库库容增长明显;水库数量最多的是嘉陵江流域,占水库总数量的 34.9%,水库库容最大是干流流域,宜宾至宜昌段,占比为 31.2%。

1.2.2　长江上游水沙变化情况

(1)年际变化

自 20 世纪 90 年代以来,长江上游的径流量变化不大,但是输沙量呈现出显著的下降趋势。特别是在进入 21 世纪后,这一趋势更为明显,三峡大坝上游的输沙量继续减少。

　　具体来说,长江上游的几个监测站点记录到了1991—2002年不同的水量变化情况(表1.2-3):与1990年前的平均水平相比,嘉陵江北碚站的水量减少了约25%,横江站的水量减少了大约15%,沱江的富顺站水量减少了大约16%,其他站点的水量变化则相对较小。而2003—2017年,与1991—2002年的平均水平相比,长江上游的水量变化表现为:向家坝站水量减少了9%,北碚站水量增加了19%,武隆站水量减少了17%,其他站点的水量变化不大(图1.2-6至图1.2-8)。

表 1.2-3　　　　　　　　长江上游主要水文站径流量和输沙量与多年均值比较

项目		金沙江	横江	岷江	沱江	长江	嘉陵江	长江	乌江	三峡入库
		向家坝	横江	高场	富顺	朱沱	北碚	寸滩	武隆	朱沱+北碚+武隆
集水面积/万 km²		45.88	1.48	13.54	2.33	69.47	15.67	86.66	8.30	93.45
径流量/亿 m³	1990 年前	1440	90.14	882	129	2659	704	3520	495	3858
	1991—2002 年	1506	76.71	814.7	107.8	2672	529.4	3339	531.7	3733
	变化率 1/%	5	−15	−8	−16	0	−25	−5	7	−3
	2003—2017 年	1367	77	785	109	2530	632	3262	440	3602
	变化率 1/%	−5	−15	−11	−16	−5	−10	−7	−11	−7
	变化率 2/%	−9	0	−4	1	−5	19	−2	−17	−4
	多年平均	1433	83.75	844.1	117.9	2650	652.4	3429	487.8	3790
输沙量/万 t	1990 年前	24600	1370	5260	1170	31600	13400	46100	3040	48000
	1991—2002 年	28100	1390	3450	372	29300	3720	33700	2040	35100
	变化率 1/%	14	1	−34	−68	−7	−72	−27	−33	−27
	2003—2017 年	9530	603	2371	419	12409	2529	14325	469	15443
	变化率 1/%	−61	−56	−55	−64	−61	−81	−69	−85	−68
	变化率 2/%	−66	−57	−31	13	−58	−32	−57	−77	−56
	多年平均	21700	1170	4240	817	26100	9530	36400	2200	37800

　　注:1. 变化率1,2为各时段均值分别与1990年前均值、1991—2002年均值的相对变化;2. 朱沱站1990年前水沙统计年份为1956—1990年(缺1967—1970年),横江站1990年前水沙统计年份为1957—1990年(缺1961—1964年),其余1990年前均值统计值均为三峡初步设计值;3. 北碚站于2007年下迁7km,集水面积增加594km²;4. 屏山站于2012年下迁24km至向家坝站(向家坝水电站坝址下游2.0km),集水面积增加208km²;5. 李家湾站于2001年上迁约7.5km至富顺。6. 多年均值统计年份:向家坝站(屏山站)为1956—2017年,横江站为1957—2017年,高场站为1956—2017年,富顺

站(李家湾站)为 1957—2017 年,朱沱站为 1954—2017 年(缺 1967—1970 年),北碚站为 1956—2017 年,寸滩站为 1950—2017 年,武隆站为 1956—2017 年。7.横江站于 2017 年 1、2、3、12 月沙量按规定停测,富顺站于 2017 年 1、2、3、4、12 月沙量按规定停测。

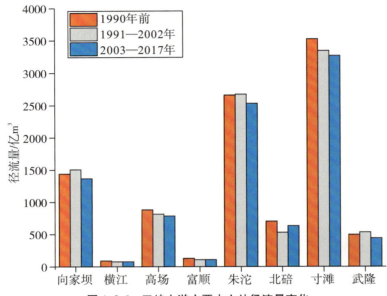

图 1.2-6　三峡上游主要水文站径流量变化

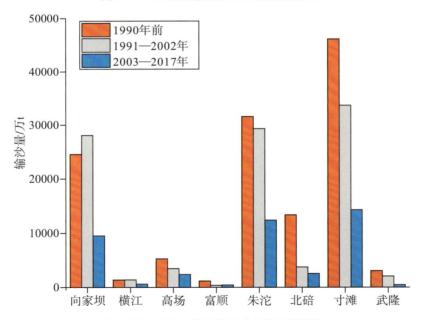

图 1.2-7　三峡上游主要水文站输沙量变化

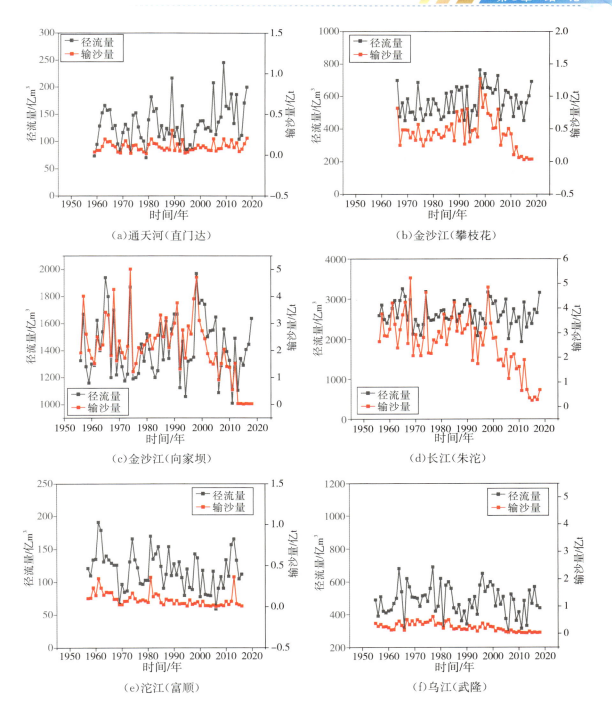

（a）通天河（直门达）　（b）金沙江（攀枝花）
（c）金沙江（向家坝）　（d）长江（朱沱）
（e）沱江（富顺）　（f）乌江（武隆）

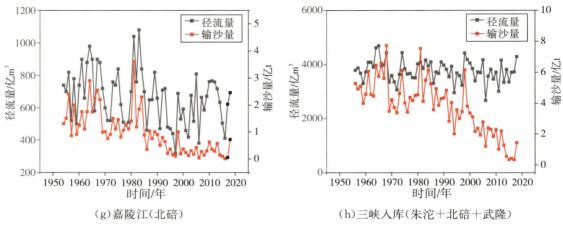

（g）嘉陵江（北碚）　　　　　　　　　（h）三峡入库（朱沱＋北碚＋武隆）

图 1.2-8　三峡上游干支流主要水文站年径流量、输沙量变化过程

三峡大坝入库的主要控制站点包括朱沱站、北碚站、武隆站，这些站点在 2003—2017 年的年平均径流量之和为 3602 亿 m³。这一数字相较于 1990 年前的平均水平减少了 7%，相比于 1991—2002 年的平均水平则减少了 4%。

上述数据表明，虽然长江上游的径流量总体保持稳定，但是输沙量的减少趋势依然显著。这一现象可能与上游地区的水土保持措施、水利工程建设、气候变化等因素有关。

朱沱站 2003—2016 年砾卵石年均推移量为 11.2 万 t，与 2002 年前的均值相比减少了 58.4%。寸滩站 2003—2016 年砾卵石年均推移量为 3.67 万 t，与 2002 年前的均值相比减少了 83.3%。朱沱站 2017 年砾卵石推移量为 2.27 万 t，与 2003—2016 年的均值相比减少了 79.7%。寸滩站 2017 年砾卵石推移量为 3.75 万 t，与 2003—2016 年的均值相比增加了 2.2%。万县站未检测到砾卵石推移质。

寸滩站 2003—2016 年沙质推移质年均输沙量为 1.19 万 t，与 2002 年前的均值相比减少了 97.1%。朱沱站 2017 年沙质推移质输沙量为 0.495 万 t，与 2012—2016 年的均值相比减少了 34%。寸滩站 2017 年沙质推移质输沙量为 0.0135 万 t，与 2003—2016 年的均值相比减少了 99%。自 1970 年以来，寸滩站砾卵石推移质历年推移量变化见图 1.2-9。

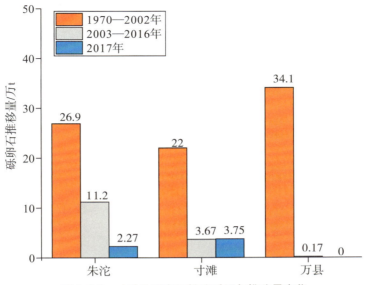

图 1.2-9　寸滩站砾卵石推移质历年推移量变化

（2）年内变化

根据长江上游主要河流控制站点径流量和输沙量的年内分配特征统计结果，除向家坝站的最大月径流量出现在 8 月外，其余站点的最大月径流量均出现在 7 月。此外，所有站点的最大月输沙量同样集中在 7 月。

从年内分配的角度来看，输沙量的分布相较于径流量更为集中。以各站点为例，最大月径流量一般不超过年径流量的 20%，其中北碚站最大月径流量占比稍高，为 23%。与此形成对比的是，最大月输沙量均超过了年输沙量的 30%，且北碚站最大月输沙量在年输沙量中的占比最高，达到了 54%。

对于汛期（5—10 月）而言，径流量占全年径流量的比例在 71%～81%，而在主汛期（6—9 月），这一比例为 51%～64%。相比之下，汛期内的输沙量占据了全年输沙量的绝大部分，比例为 92%～99%，主汛期内输沙量的比例则在 75%～96%。

从年内分配的集中程度来看，嘉陵江北碚站的径流量和输沙量最为集中，乌江武隆站表现出年内分配较为均匀的特点。

1.2.3　长江上游水库拦沙情况

（1）金沙江中游干流梯级水电站

金沙江中游的梯级开发策略，即"一库八级"规划，是流域综合开发与利用的重要里程碑。目前，规划方案正稳步推进，其中龙盘与两家人水电站尚处于筹备阶段，而其余 6 个梯级水电站——梨园、阿海、金安桥、龙开口、鲁地拉、观音岩，已竣工并投入运行,标志着金沙江中游水能资源的高效转化迈出了坚实步伐。

在探讨金沙江中游水沙变化特征时,石鼓站与攀枝花站作为关键监测点,其数据显得尤为重要。

石鼓站,位于梨园水电站上游约 114km 处,是观测金沙江上游水沙动态的重要窗口。数据显示,该站多年平均径流量稳定在 424 亿 m^3,输沙量维持在 2540 万 t 左右,年际未展现出明显的增减趋势,反映了金沙江上游较为稳定的水文环境。

攀枝花站位于观音岩水电站下游约 40km 处,其水沙状况因梯级水电站的兴建而发生了显著变化。具体而言,虽然受水库调节影响,攀枝花站的年径流量波动不大,保持在 541 亿 m^3 左右,较 1966—2010 年的平均值略低 4.9%,但是输沙量却大幅减少,从原先的平均水平锐减至 807 万 t,降幅高达 84.5%。这一变化直接反映了水电站蓄水拦沙效应对下游水沙关系的深刻影响。

尤为值得注意的是,自 2010 年起,攀枝花站的水沙关系发生了根本性的转变。这不仅是金沙江中游梯级开发效果的直接体现,也为后续的水资源管理与生态保护策略制定提供了重要依据。

为了精准估算金沙江中游各梯级水电站建库后的拦沙成效,科研人员基于石鼓站与攀枝花站 2010 年前的年均输沙量数据,结合区间输沙模数进行了深入分析。结果表明,石鼓至攀枝花区间年均来沙量约为 0.264 亿 t。据此推算,2011—2017 年,金沙江中游梯级水库群年均拦沙量高达 0.457 亿 t。这一数据不仅彰显了梯级开发在防洪、发电、航运等多个方面的综合效益,也提示我们在享受水能资源带来的便利时,需要更加关注其对河流生态系统可能产生的长远影响,以实现人与自然的和谐共生。

(2)金沙江下游梯级水电站

金沙江下游干流是水能资源富集的黄金水道,其开发与利用对于国家能源战略具有重要意义。目前,该区域已建成并投入运行乌东德、白鹤滩、溪洛渡、向家坝 4 座巨型水电站,不仅极大地提升了区域电力供应能力,还深刻影响了金沙江下游的水文环境。金沙江下游干流梯级及主要水文控制站分布见图 1.2-10。

特别值得注意的是,随着向家坝、溪洛渡水电站的相继蓄水运行,金沙江下游的水沙特性发生了显著变化。2012—2017 年,受这两座水电站强大蓄水拦沙能力的影响,金沙江下游的输沙量急剧减少。具体而言,向家坝站(位于向家坝水电站下游 2km 处)的年径流量虽然略有下降,但是仍保持在 1318 亿 m^3,较 2012 年以前的多年平均值(1443 亿 m^3)减少了 8.7%;而输沙量则急剧下降至 170 万 t,降幅高达 99%。这一变化直观地反映了水电站建设对河流泥沙输移过程的巨大影响。

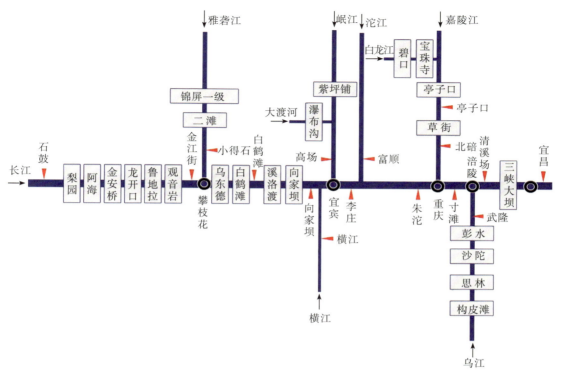

图 1.2-10 金沙江下游干流梯级及主要水文控制站分布

进一步考虑未控区间(即非水电站直接控制区域)的来沙贡献后,可以更全面地评估溪洛渡、向家坝两座水库的淤积情况。数据显示,2013—2017 年,这两座水库共淤积泥沙约 5.40 亿 t,年均淤积量达到 1.08 亿 t。其中,溪洛渡水库的淤积情况尤为突出,其总入库沙量为 52873 万 t,而出库沙量仅为 1380 万 t,水库累积淤积泥沙高达 51493 万 t,排沙比仅为 2.6%,表现出极强的拦沙能力。相比之下,向家坝水库的排沙比则较高,达到 25.2%,但是其总入库沙量(3367.6 万 t)和累积淤积泥沙量(2518.2 万 t)也均体现了其在水沙调控中的重要作用。两库联合排沙比为 1.5%,体现了它们在金沙江下游水沙调控中的协同作用。

此外,实测地形资料也为我们提供了水库淤积情况的直观证据。2008 年 2 月至 2017 年 10 月,溪洛渡、向家坝水库分别淤积泥沙 4.82 亿 m^3、0.53 亿 m^3,合计淤积泥沙 5.35 亿 m^3。这一数据与基于输沙量估算的淤积量吻合,进一步验证了水电站蓄水拦沙效应的显著性和长期性。

综上所述,金沙江下游 4 座水电站的建设与运行不仅极大地促进了区域经济社的发展,也对河流生态系统产生了深远影响。未来,在继续发挥水电站综合效益的同时,还需要加强水沙调控研究,优化水库运行管理策略,以实现水能资源开发与生态环境保护的双赢。

（3）三峡水库

三峡水库的蓄水运用对长江流域的水文环境产生了深远的影响，特别是在泥沙淤积方面，其实际淤积形势远低于预期，这主要得益于近年来入库泥沙量的显著减少。

三峡水库进出库泥沙与水库淤积量见表1.2-4。自2003年6月三峡水库开始蓄水以来，至2017年12月，三峡水库入库的悬移质泥沙量达到了21.925亿t，而出库（以黄陵庙站为观测点）的悬移质泥沙量仅为5.234亿t。在不考虑三峡库区区间来沙的情况下，水库内部淤积的泥沙量达到了16.691亿t，年均淤积量约为1.145亿t。这一数据远低于工程论证阶段基于1961—1970年数据通过数学模型预测的淤积量，且仅为预测值的35%，表明三峡水库在实际运行中的泥沙淤积问题得到了极大的缓解。此外，水库的排沙比达到了23.9%，表明水库在蓄水发电的同时，也有效地实现了泥沙的排放和调控。

表 1.2-4　　　　　　　　　　三峡水库进出库泥沙与水库淤积量

年份	累积值			年均值			排沙比/%
	入库沙量/亿t	出库沙量/亿t	淤积量/亿t	入库沙量/亿t	出库沙量/亿t	淤积量/亿t	
2003年6月至2006年8月	7.004	2.590	4.414	2.155	0.797	1.358	37.0
2006年9月至2008年9月	4.435	0.832	3.603	2.129	0.399	1.729	18.8
2008年10月至2017年12月	10.486	1.812	8.674	1.134	0.196	0.938	17.3
2003年6月至2017年12月	21.925	5.234	16.691	1.503	0.359	1.145	23.9

值得注意的是，自2012年溪洛渡、向家坝等上游水电站相继建成并投入运用以来，三峡水库的入库泥沙量进一步大幅减少。这一变化直接导致了三峡水库年均淤积量的显著下降。具体而言，2003—2012年，三峡水库的年均入库输沙量为2.03亿t，而到了2013—2017年，平均输沙量锐减至0.582亿t，减幅高达71.3%。相应地，水库的年均淤积量也由1.44亿t下降至0.463亿t。这一变化充分说明了上游水电站的建设和运行对于减少下游水库泥沙淤积、延长水库使用寿命具有重要意义。

根据三峡库区河道340个实测大断面地形数据，采用断面法对库区河道泥沙沿程分布进行了细致分析。如前文所述，在洪水期，库区泥沙的淤积量与上游来沙量之间存在明显的正相关关系。

据统计,在三峡水库蓄水后,在每年 6—9 月的汛期,入库平均流量约为 20000m³/s。当坝前水位处于145m、上游来流为 20000m³/s 的情况下,研究库区河道宽度沿程的变化规律(图 1.2-11)。图 1.2-11 基于 2002 年的实测水下地形图绘制而成,能够直观地反映出河道宽度随距离变化的情况。

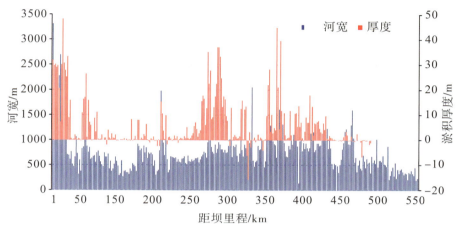

图 1.2-11 三峡库区河道河宽和淤积厚度沿程分布

此外,基于 2002—2017 年的淤积分布研究成果,图 1.2-11 还呈现了库区淤积厚度沿程的分布规律。这些数据不仅揭示了不同位置处淤积厚度的变化趋势,而且对于评估水库长期运行中的泥沙管理策略至关重要。通过综合分析这些数据,我们可以更好地理解三峡库区泥沙淤积的动态特征及其对水库整体环境的影响。

此外,三峡库区河道的河宽沿程变化非常剧烈,最小宽度约为 220m,而最大宽度则达到了约 2000m。这种宽窄相间的变化导致了河道沿程不同的淤积状态。据统计,三峡库区河道中的绝大多数断面都出现淤积现象,尤其在河道较宽的位置更为显著。相比之下,在少数峡谷段,由于河宽较窄,河道出现了冲刷状态。

值得注意的是,库区内的泥沙主要淤积在常年回水区段,而在变动回水区,淤积量则相对较少。特别是在库尾部分,几乎观察不到明显的淤积现象。数据显示,库区内呈现淤积状态的河道长度大约为 277km,约占整个库区河道总长度的 1/3,而这些区域的淤积量约占库区淤积总量的 85%。

与之形成对比的是,像尼罗河上的纳赛尔水库和汉江上的丹江口水库这样的湖泊型水库,其淤积模式与三峡库区的河道型水库大不相同。湖泊型水库的淤积主要集中在水库的进口处,并且往往会形成一个淤积三角洲。然而,在三峡库区的进口处却几乎没有淤积现象发生。

根据河床取样成果,对三峡库区河道中值粒径(d_{50})沿程分布进行统计,发现除了一些局部回水变动较为频繁的区段之外,三峡库区河道中的泥沙中值粒径普遍小于 0.01mm。这意味着大量的细沙沉积于库区河道内,在常年回水区段尤为明显。这一发现也解释了三峡水库的实际排沙比要低于早期研究成果预测结果的原因。

(4)断面分布

选取 2002 年、2005 年、2007 年、2012 年和 2015 年实测断面数据套汇库区河道横断面变化图,以期反映三峡水库不同蓄水阶段库区河道形态变化特征(图 1.2-12)。从图 1.2-12 中可以看出,泥沙淤积主要发生在宽阔段,尤其是常年回水区段,峡谷段淤积较少;在弯曲的宽阔段,左、右岸泥沙淤积厚度有差别,如 S206、S232、S253 断面等。在 S206 和 S232 断面,泥沙主要淤积在左岸,断面形态有较大幅度的改变,主流逐渐移向右岸。这将会给通航安全、河流生态、岸线利用规划带来新的问题,需要引起相关部门的注意。同时,在变动回水区泥沙淤积较少,尤其在库尾基本无淤积。

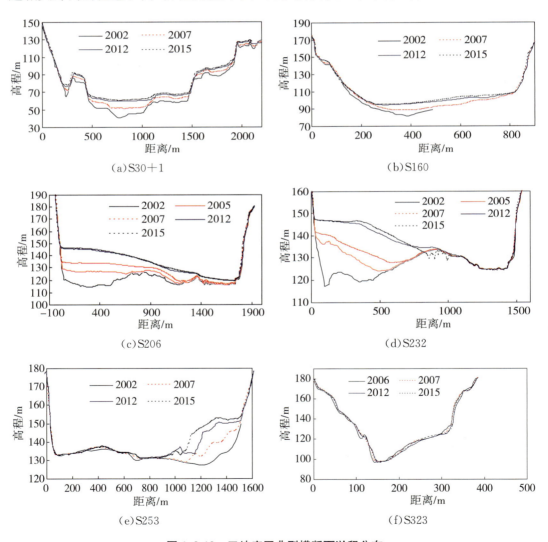

(a)S30+1

(b)S160

(c)S206

(d)S232

(e)S253

(f)S323

图 1.2-12　三峡库区典型横断面淤积分布

1.2.4 三峡出库水沙变化分析

1.2.4.1 三峡出库水沙特征值

黄陵庙水文站位于三峡大坝下游约 12km 处,下距葛洲坝水电站 26km。黄陵庙水文站的基本资料可以反映三峡出库水沙特征和三峡蓄水运行前后的水沙变化情况。利用黄陵庙水文站水文资料,统计三峡水库不同运行时期黄陵庙站水文泥沙特征值(表 1.2-5)。

表 1.2-5　　　　　　　　　三峡水库不同运行时期黄陵庙站水文泥沙特征值统计

项目	135～139m 运行期 (2003—2006 年)	156m 运行期 (2007—2008 年)	175m 运行期 (2009—2012 年)	175m 运行期 (2013—2018 年)
平均流量/(m^3/s)	12400	12946	12586	13040
多年平均径流量/亿 m^3	3903	4083	3969	4216
多年平均输沙量/亿 t	1.015	0.416	0.303	0.160
多年平均含沙量/(kg/m^3)	0.071	0.045	0.033	0.018

三峡水库蓄水运用以前(1950—2002 年),黄陵庙站多年平均径流量为 4369 亿 m^3,多年最大流量为 71100m^3/s,多年最小流量为 2770m^3/s,多年平均流量为 14200m^3/s,多年平均悬移质输沙量为 5.05 亿 t,多年平均含沙量为 1.16kg/m^3。三峡水库 135～139m 运行期,对悬移质年输沙量影响较大;2003—2006 年多年平均年输沙量为 1.015 亿 t,仅为蓄水运用前的 20%;三峡水库 144～156m 运行期,输沙量进一步减少,2007—2008 年年均输沙量仅为 0.416 亿 t。另外,三峡水库蓄水运用后,受水库的调蓄作用,多年平均含沙量也呈减小趋势。蓄水运用前,黄陵庙站的多年平均含沙量为 1.1kg/m^3,三峡 135～139m 运行期、三峡水库 156m 运行期、175m 运行期多年平均含沙量进一步减小,分别为 0.071kg/m^3、0.045kg/m^3、0.033kg/m^3。

1.2.4.2 三峡出库水沙变化

黄陵庙站径流量输沙量变化见图 1.2-13。从图 1.2-13 中可以看到,三峡水库蓄水运用后,出库年径流量在一定范围内波动,从总体上看有缓慢增加的趋势,而出库年输沙量随着三峡水库的运用呈现明显的下降趋势,从 2002 年的 2.43 亿 t 下降到 2017 年的 0.032 亿 t,然后在 2018 年又有所回升。从分界点来看,2002 年(三峡蓄水运用)、2007 年、2012 年(向家坝蓄水运用)都是输沙量下降的分界点。

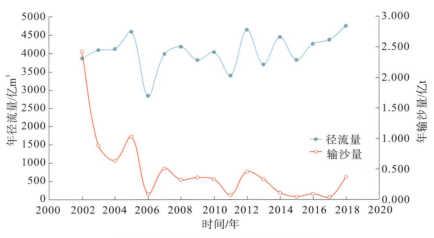

图 1.2-13 黄陵庙站径流量输沙量变化

黄陵庙站年内不同时期径流量变化过程见图 1.2-14。黄陵庙站年内不同时期输沙量变化过程见图 1.2-15。图 1.2-14 和图 1.2-15 描绘了三峡水库蓄水以来，黄陵庙站枯水期（12 月至次年 4 月）、消落期（5—6 月）、汛期（7—8 月）和蓄水期（9—11 月）共 4 个不同阶段径流量和输沙量的变化过程。从图 1.2-14 和图 1.2-15 中可以看到，受到三峡水库及其上游梯级水库群联合调度的影响，三峡水库出库径流过程发生了较大变化。

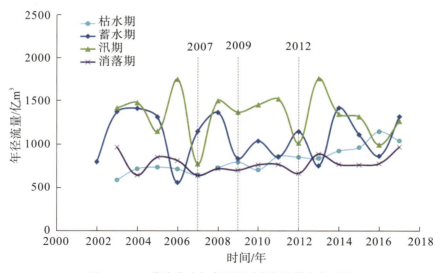

图 1.2-14 黄陵庙站年内不同时期径流量变化过程

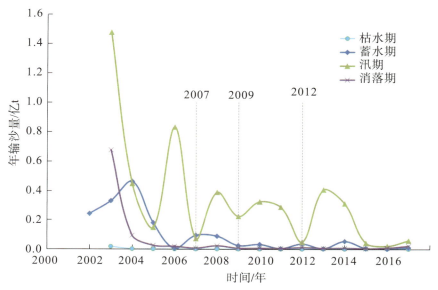

图 1.2-15　黄陵庙站年内不同时期输沙量变化过程

三峡出库枯水期径流量在总体上呈缓慢增加趋势,特别是 175m 运行期(2009—2018 年)增加较为明显。蓄水期在年际波动较大,2009—2012 年径流量相对其他年份有所减小,2013—2018 年又有所回升。汛期径流量在总体上呈下降趋势,年际波动较大,2007 年、2012 年径流量偏小,2006 年、2013 年径流量偏大。消落期径流量基本平稳,变化趋势不明显。在三峡围堰蓄水期(2003—2007 年),消落期径流量大于枯水期,之后的阶段消落期径流量基本小于枯水期径流量。

三峡出库输沙量在枯水期、消落期、汛期、蓄水期总体上都呈现出随着三峡蓄水年限增加而逐渐减小的趋势。汛期输沙量变化波动相对较大,2005 年、2007 年、2009 年、2012 年汛期输沙量偏小。

三峡不同蓄水阶段黄陵庙站年内不同时期径流量与输沙量统计见表 1.2-6。从表 1.2-6 中可以看到,随着三峡水库蓄水年限的增加,枯水期和消落期平均流量有所增大,蓄水期和汛期平均流量有增有减变化趋势不明显,含沙量总体都为减小趋势。

表 1.2-6　　　三峡水库不同蓄水阶段黄陵庙站年内不同时期径流量与输沙量统计

不同时期	枯水期		蓄水期		汛期		消落期	
	平均径流量/亿 m³	平均输沙量/亿 t	平均径流量/亿 m³	平均输沙量/亿 t	平均径流量/亿 m³	平均输沙量/亿 t	平均径流量/亿 m³	平均输沙量/亿 t
135～139m 运行期(2003—2006 年)	687.37	0.006	1162.20	0.244	1285.82	0.374	733.98	0.037

不同时期	枯水期		蓄水期		汛期		消落期	
	平均 径流量 /亿 m³	平均 输沙量 /亿 t	平均 径流量 /亿 m³	平均 输沙量 /亿 t	平均 径流量 /亿 m³	平均 输沙量 /亿 t	平均 径流量 /亿 m³	平均 输沙量 /亿 t
156m 运行期 （2007—2008 年）	684.39	0.002	1254.97	0.092	1430.87	0.307	706.37	0.015
175m 运行期 （2009—2012 年）	800.33	0.002	965.28	0.025	1433.87	0.267	767.75	0.008
175m 运行期 （2013—2017 年）	980.62	0.003	1089.54	0.016	1203.81	0.090	834.03	0.010

三峡水库蓄水运用后出入库沙量及排沙比变化过程见图 1.2-16。2003—2018年，三峡水库平均排沙比为 20%，2006 年、2011 年、2017 年排沙比偏低，分别为 7.44%、6.81%、9.44%，均低于 10%。从整体来看，随着三峡水库的蓄水运用，排沙比呈现减小并逐步稳定的趋势，2003—2006 年平均排沙比约为 29%，2007—2008 年降为 17.7%，2009—2018 年平均排沙比降为 17.4%。

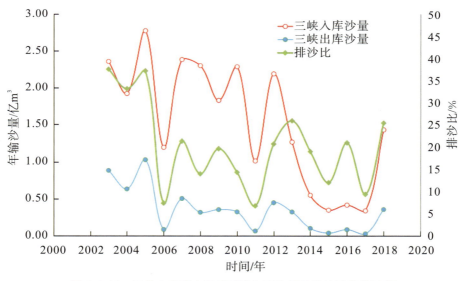

图 1.2-16　三峡水库蓄水运用后出入库沙量及排沙比变化过程

1.2.4.3　三峡出库输沙突变机理

将 M-K 突变检验模型与水沙双累积曲线法相结合分析三峡出库泥沙输移的变化机理（图 1.2-17）。由图 1.2-17 可知，M-K 突变分析结果显示年输沙量的显著突变点出现在 2003 年、2013 年。

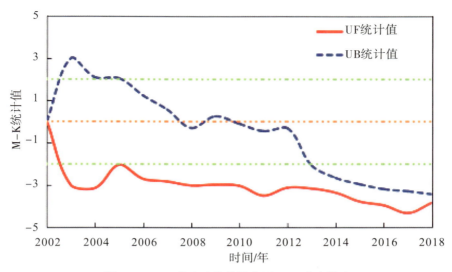

图 1.2-17 三峡出库输沙量序列 M-K 突变检验

在水沙双累积曲线上可以用上述 2 个突变年份将整个时间序列分为 3 个阶段，即 2002—2003 年、2004—2013 年、2014—2018 年(图 1.2-18)。

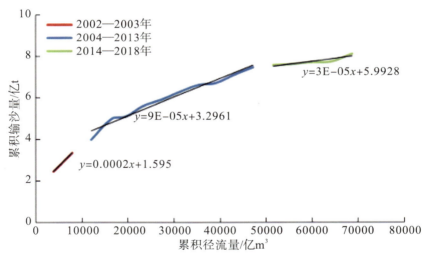

图 1.2-18 三峡出库年径流量与输沙量的双累积曲线

(1)2002—2003 年

双累积关系呈直线，说明其间三峡出库的水沙关系较为稳定。

(2)2004—2013 年

从 2004 年开始，双累积直线斜率减小，说明相对于径流量而言，三峡出库的输沙量有所减少。这主要是因为 2003 年三峡水库建成运行，水库开始发挥蓄水拦沙作用，使三峡出库输沙量明显减少。

（3）2014—2018 年

随着金沙江下游溪洛渡、向家坝等大型水库的建成,三峡入库沙量呈现明显减小趋势,导致三峡出库输沙量明显减小。

1.2.4.4　三峡出库水沙变化趋势

根据 2002—2018 共 17 年的实测年均数据,对三峡出库的水沙特性进行分析。三峡出库各年份年水沙量均值变化见表 1.2-7。

表 1.2-7　　　　　　　　　　　三峡出库各年份年水沙量均值变化

项目	2002—2003 年	2004—2013 年	2014—2018 年	多年平均
径流量/亿 m³	3980.9	3929.2	4320.5	4050.4
变化率/%	−1.71	−2.99	6.67	—
输沙量/亿 t	1.659	0.413	0.126	0.475
变化率/%	249.18	−13.11	−73.45	—
含沙量/(kg/m³)	0.417	0.105	0.029	0.117

2002—2018 年,三峡出库径流量呈一定交替变化趋势,蓄水前后变幅大,蓄水之后整体变幅较小,其输沙量则呈较为明显的减少趋势,尤其表现在水库蓄水前和蓄水后的变化上。

2002—2003 年和 2004—2013 年,三峡出库径流量均比多年平均径流量略偏小,其中 2002—2003 年和 2004—2013 年分别较多年平均值偏小 1.71% 和 2.99%;2014—2018 年径流量有所增加,较多年平均值偏大 6.67%;2002—2003 年出库输沙量几乎是多年平均输沙量的 2.5 倍,较多年平均值偏大 249.18%;2004—2013 年和 2013—2018 年年均输沙量出现了大幅下降,分别比多年平均值偏小 13.11% 和 73.45%,相应含沙量也表现出了一定的变化,即 2002—2003 年偏大,其他年份显著偏小,含沙量大幅减小。

利用 R/S 分析法对输沙量和径流量进行趋势显著性检验,三峡出库 2002—2018 年输沙量和径流量的 Hurst 指数为 0.9462 和 0.8423,接近 1,说明输沙量和径流量的趋势变化将持续,未来径流量将依然保持较小幅度的增减交替,输沙量将继续呈现减小趋势。总体而言,三峡出库径流量年际变化率不甚显著,而输沙量在水库蓄水前后年际变化率较大,之后呈现变幅较小的总体下降趋势。

1.3　小结与分析

自 20 世纪 90 年代以来,长江上游的径流量总体保持稳定,但是输沙量显著下降,特别是进入 21 世纪后,三峡大坝上游的输沙量继续减少。具体表现为,1991—

2002 年,嘉陵江的北碚站、横江站和沱江的富顺站水量分别减少了 25％、15％ 和 16％；2003—2017 年,向家坝站、北碚站和武隆站的水量变化分别为减少 9％、增加 19％ 和减少 17％。三峡大坝入库的主要控制站点在 2003—2017 年的年平均径流量之和为 3602 亿 m³,较 1990 年以前减少了 7％。此外,金沙江中游和下游的梯级水电站建设对输沙量产生了显著影响,如攀枝花站的输沙量减少了 84.5％,向家坝站的输沙量减少了 99％。这些变化可能与水土保持措施、水利工程建设和气候变化等因素有关。三峡水库自 2003 年蓄水以来,年均淤积量为 1.145 亿 t,远低于预测值,主要得益于上游水电站的建设和运行,有效减少了入库泥沙量。

　　三峡出库水沙变化分析显示,自三峡水库蓄水运用以来,黄陵庙站观测到的出库径流量在一定范围内波动但总体呈缓慢增加趋势,而出库输沙量则显著下降。不同蓄水阶段的水沙特征值表明,随着蓄水高度的增加,多年平均输沙量和含沙量均逐渐减小。三峡出库水沙在年内不同时期的变化也呈现出一定的规律,汛期径流量波动较大,而输沙量在枯水期、消落期、汛期和蓄水期均随蓄水年限的增加而减小。同时,三峡水库的排沙比也呈现减小并逐步稳定的趋势。分析还揭示了三峡出库输沙的突变机理,指出 2003 年和 2013 年为显著突变点,并探讨了水沙变化趋势,预计未来径流量将保持较小幅度的增减交替,而输沙量将继续减小。

第 2 章　砂石行业供需形势

2.1　我国砂石行业发展历程

作为我国经济社会发展的基石与关键性原材料,矿石矿产的战略地位不言而喻。从河道中自然沉积的砂石资源,到经过精细加工的建筑用普通砂石矿资源,这些砂石骨料与人类社会的生活和发展紧密相连,是建筑物、城市道路、桥梁、水利、水电等基础设施建设中不可或缺的重要材料。自改革开放以来,我国大力推进城镇化建设,住房、城市交通、公共基础设施、环卫等基础设施投入持续增大,砂石土类矿产资源的需求也不断攀升。砂石矿资源,作为继水资源之后,我国自然资源消耗量排名第二的资源,其开发利用与保护已成为国家层面的重要议题。回顾我国砂石行业的发展历程,我们可以清晰地看到其演变的 4 个阶段,每个阶段都承载着行业发展的独特印记与历史使命。

(1)第一阶段(1949—1977 年):天然砂石的黄金时代

新中国成立至改革开放前的近 30 年间,我国大型混凝土建筑项目相对较少,民居主要以土木、砖混结构为主。在这一时期,天然砂石供应充足,价格低廉,是建筑行业的主要原材料。砂石行业主要依赖于人工和简单工具采集运输天然砂,虽然生产方式相对落后,但是满足了当时的基本建设需求。

(2)第二阶段(1978—2012 年):机制砂石的兴起与粗放式发展

随着改革开放的深入,我国基础设施建设和高层建筑物如雨后春笋般涌现,建筑体量不断增大,砂石用量也快速增长。局部地区天然砂石资源逐渐枯竭,为了满足建设需要,小规模、粗放型的机制砂石生产逐渐兴起。这一时期,全国从事砂石产业的企业数量激增,但是多数企业规模较小,装备水平相对较低,主要以小型化为主。行业虽然快速发展,但是存在诸多问题,如资源浪费、环境污染等。

(3)第三阶段(2013—2019 年):转型升级与规模化发展

面对日益严峻的资源与环境压力,国家有关部门和地方政府陆续出台了有序发展机制砂石的指导意见,旨在推动行业转型升级。小、散、乱、落后的砂石企业被关停,行业逐渐走上了机械化、规模化的发展道路。破碎筛分装备逐渐向中大型化的方向发展,产品质量得到显著提升。这一时期,市场形成了以机制砂石骨料为主、以天然砂石为辅的局面,砂石行业迎来了新的发展机遇。同时,中国砂石协会制定、修订了一批技术标准规范,企业普遍将环保纳入自觉行为,边开采边修复,实现了经济与环境的双赢。

(4)第四阶段(2020 年至今):绿色低碳与高质量发展

近年来,大型央企、国企和社会资本陆续进入砂石行业,工业化进程加快,行业向绿色低碳和高质量方向发展。砂石骨料市场逐步细分,高性能、高耐久性混凝土的骨料所占比重不断增加。绿色矿山、绿色工厂建设进程加快,"公转铁""公转水"等绿色节能运输方式和清洁能源得到企业积极响应。资源合理化利用、生态环境保护已成为众多企业的自觉行为。传统的砂石行业正以大型集团化、智能自动化的崭新面貌出现在世人面前,展现出强大的生命力和广阔的发展前景。

同时,随着科技的进步和创新,砂石行业在智能化、数字化方面也取得了显著进展。大数据、云计算、物联网等技术的广泛应用,为砂石行业的生产管理、质量控制、市场销售等方面提供了有力支持。这些技术的引入,不仅提高了生产效率,降低了运营成本,还提升了产品的质量和市场竞争力。

此外,随着国家"一带一路"倡议的深入推进,砂石行业也迎来了新的国际合作机遇。我国砂石企业积极参与国际市场竞争,推动砂石产品和技术走向世界舞台,为提升我国砂石行业的国际影响力和竞争力作出了积极贡献。目前,我国砂石矿山企业数量超过 10000 家,各类装备企业约 3000 家,行业规模庞大,发展势头强劲。未来,随着国家政策的持续引导和市场的不断变化,砂石行业将继续向更加绿色、低碳、高效、智能的方向发展,为经济社会建设提供更加坚实的物质基础。

2.2　砂石市场新形势

2.2.1　产量变化

2021 年,全国砂石产量为 197 亿 t,较 2020 年略有下降,降幅为 1%。砂石行业受到基建和房地产增速放缓影响,砂石需求量增速放缓,加之疫情防控常态化、碳达峰、能耗双控对砂石矿山开工时间的影响,砂石产量有小幅收缩。

2022 年,我国经济发展遇到疫情等国内外多重超预期因素冲击,砂石行业经济运行整体呈"需求减弱,量价走低"的特征。砂石供需总体偏弱,在供给端产线开机率、产能利用率整体偏低,在需求端砂石需求收缩。从供需关系来看,全年砂石处于供大于求的状态,企业库存保持高位。全国砂石产量为174.2亿t,较2021年下降11.6%。

2023年国民经济回升向好,高质量发展扎实推进,但是外部环境的复杂性、严峻性、不确定性上升,经济发展仍面临一些困难和挑战。在这样错综复杂的环境下,2023年全国砂石产量为168.35亿t,较2022年下降3.4%,但是降幅较2022年有所缩小。部分砂石企业净利润出现下滑,甚至亏损。我国砂石工业已从增量扩张进入存量提质增效和增量结构调整并重的发展新阶段。

2017—2023年全国砂石产量变化见图2.2-1(数据保留整数)。长江上游干流2021—2023年各省(自治区、直辖市)砂石产量见表2.2-1。

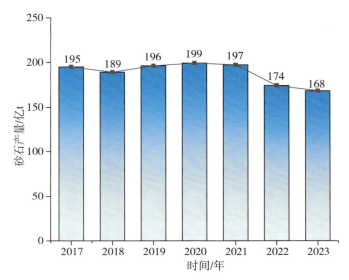

图 2.2-1　2017—2023年全国砂石产量变化

表 2.2-1　　　　长江上游干流2021—2023年各省(自治区、直辖市)砂石产量

省(自治区、直辖市)	2021年砂石产量/亿t	2022年砂石产量/亿t	2023年砂石产量/亿t
湖北	8.9	8.2	7.5
重庆	3.8	3.2	3.4
四川	12.9	11.8	11.2
贵州	8.5	5.8	5.4
云南	10.4	8.7	8.7
西藏	0.9	0.7	1.1
青海	1.0	0.9	1.1
合计	46.4	39.3	38.4

2.2.2 价格变化

据中国砂石协会大数据中心统计,2021 年全国砂石综合均价为 113 元/t,同比上涨 2.2%。2021 年,天然砂石、机制砂石均价受需求端施工市场工期进度、供应端砂石矿山产量波动、运输端长江中下游船运吃紧等因素的影响,上半年价格波动较大;进入下半年,随着工程旺季的到来,砂石需求稳步提升,随之也推高了天然砂石的价格。天然砂石、机制砂石价格在下半年持续上扬。截至 2021 年 12 月 31 日,全国机制砂石均价为 109 元/t,环比几乎持平;天然砂均价为 142 元/t,环比上涨 0.7%。天然砂石和机制砂石 2021 年价格逐月走势见图 2.2-2。

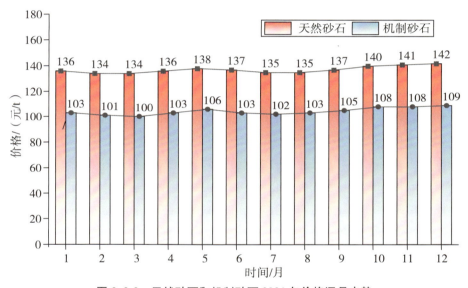

图 2.2-2 天然砂石和机制砂石 2021 年价格逐月走势

2022 年 12 月,全国砂石综合均价为 109 元/t,12 月同比下跌 7.0%。2022 年 12 月,全国机制砂石均价为 100 元/t,12 月同比下跌 8.3%;天然砂石均价为 135 元/t,12 月同比下跌 5.0%。2022 年 12 月,碎石均价为 94 元/t。天然砂石和机制砂石 2022 年价格逐月走势见图 2.2-3。

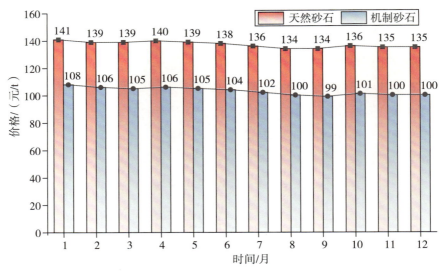

图 2.2-3　天然砂石和机制砂石 2022 年价格逐月走势

2023 年,我国砂石价格整体呈下降趋势,接近砂石合理价格区间。2021 年以来,我国砂石需求偏弱,砂石产能却持续释放,导致砂石价格持续下滑。从 2023 年各季度来看,第一季度砂石价格较为平稳;第二季度,随着建筑施工市场复工带来的砂石需求回升,砂石价格略有上涨;第三季度整体市场稳中偏弱,价格回落;第四季度施工项目赶工拉动砂石价格小幅回升。2023 年 12 月,我国砂石综合均价为 105 元/t,较 2023 年 1 月下降 2.7%。2023 年 12 月,我国机制砂石均价为 93 元/t,较 2023 年 1 月下降 5.1%;天然砂石均价为 132 元/t,较 2023 年 1 月下降 1.5%。天然砂石和机制砂石 2023 年价格逐月走势见图 2.2-4。

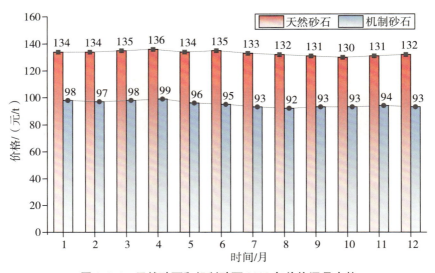

图 2.2-4　天然砂石和机制砂石 2023 年价格逐月走势

重点城市 2022 年砂石市场价格变化见表 2.2-2,重点城市 2023 年砂石市场价格变化见表 2.2-3。

表 2.2-2　　　　　　　　　　重点城市 2022 年砂石市场价格变化　　　　　　　　　（单位:元/t）

城市	1 月	2 月	3 月	4 月	5 月	6 月	7 月	8 月	9 月	10 月	11 月	12 月	全年涨幅/%
武汉	106	108	110	105	94	94	95	95	95	94	95	93	—13
重庆	101	102	99	99	100	99	98	101	99	99	101	95	—6
成都	141	143	147	147	140	141	142	143	143	143	144	140	—1
昆明	70	70	70	68	68	68	66	67	67	67	67	66	—6
贵阳	64	64	64	60	57	57	52	50	50	50	50	46	—28

表 2.2-3　　　　　　　　　　重点城市 2023 年砂石市场价格变化　　　　　　　　　（单位:元/t）

城市	1 月	2 月	3 月	4 月	5 月	6 月	7 月	8 月	9 月	10 月	11 月	12 月	全年涨幅/%
武汉	106	108	110	105	94	94	95	95	95	94	95	93	—13
重庆	101	102	99	99	100	99	98	101	99	99	101	95	—6
成都	141	143	147	147	140	141	142	143	143	143	144	140	—1
昆明	70	70	70	68	68	68	66	67	67	67	67	66	—6
贵阳	64	64	64	60	57	57	52	50	50	50	50	46	—28

2.2.3　砂石需求端变化

2021 年,全国水泥产量为 23.63 亿 t,同比下降 1.2%。2022 年,受疫情散发多发、极端高温天气、国际形势复杂多变等影响,在“需求收缩、供给冲击、预期转弱”的三重压力下,我国经济增长进一步放缓。为发挥经济稳增长的作用,基础设施投资保持较高的增长水平,为拉动水泥需求提供了重要支撑,但是房地产市场进入深度调整期,房地产投资和房地产新开工面积持续大幅下降,地产端水泥需求大幅萎缩,此外,受疫情和地方资金紧张影响,部分基建工程项目施工放缓,基建对水泥需求的拉动未能弥补地产端需求下滑的影响,导致水泥需求出现骤降,全国水泥产量降至 21.29 亿 t,较 2021 年减少 2.34 亿 t。2023 年房地产市场持续探底,房地产新开工面积大幅下降,且受地方化解债务风险影响,基建工程也出现资金不足现象,水泥市场需求持续大幅萎缩,全国水泥产量为 20.22 亿 t,较 2022 年减少 1.07 亿 t。

2021—2023 年长江上游各省(自治区、直辖市)水泥产量见表 2.2-4。

表 2.2-4   **2021—2023 年长江上游各省（自治区、直辖市）水泥产量**

省（自治区、直辖市）	2023 年水泥产量/万 t	2022 年水泥产量/万 t	2021 年水泥产量/万 t
湖北	9892.70	11056.18	11861.88
重庆	5477.80	5321.15	6238.18
四川	12151.60	13070.02	14171.41
贵州	5883.40	6428.08	9332.85
云南	9610.50	9693.75	11511.51
西藏	1198.40	792.74	991.59
合计	44214.4	46361.92	54107.42

中国水泥协会统计数据显示，2021—2023 年水泥价格一直呈下降趋势。2021 年全国水泥均价 486 元/t，2022 年全国水泥均价 466 元/t，较 2021 年下降 4.1%，2023 年我国水泥均价 394 元/t，较 2022 年下降 15.5%。

2021—2023 年我国各大区水泥价格对比见表 2.2-5。

表 2.2-5   **2021—2023 年我国各大区水泥价格对比**   （单位：元/t）

地区	2021 年	2022 年	2023 年
全国	486	466	394
华北	461	503	403
东北	476	489	382
华东	526	474	399
中南	533	460	403
西南	421	406	371
西北	458	458	396

从已有数据看，2001—2018 年，砂石骨料的需求量呈增长趋势。2014—2017 年，受宏观经济增速放缓影响，砂石市场进入相对平稳的状态，但是之后又迅速回升，砂石骨料的需求量于 2018 年达到 200 亿 t，占全球产量的 50%。按 2019 年 7 月价格，砂石行业年产值达到 2 万亿元。砂石需求的增加从物质层面反映了中国城市的扩张。据估算，每平方米城市建筑需要砂石约 800kg，每千米高速公路需要砂石 5.4 万～6.0 万 t，每千米高铁需要砂石 5.60 万～8.64 万 t。从我国国民经济社会发展规划及各省基础设施建设规划来看，砂石作为基础设施建设必需的最大宗基础建材，虽然受疫情和宏观调控影响，近年来价格存在一定下滑趋势，但是需求量在未来仍存在上涨空间。

2.3　产业结构性变化

2021 年，全国新设砂石矿权数量为 805 宗，其中云南、新疆新设砂石矿权数量居全国前两位，分别为 166 宗、156 宗；黑龙江、贵州新设砂石矿权数量为 50～100 宗；吉林、广西、甘肃、湖北、四川、重庆、广东、浙江、陕西、安徽、山东新设砂石矿权数量为 10～50 宗(图 2.3-1)。

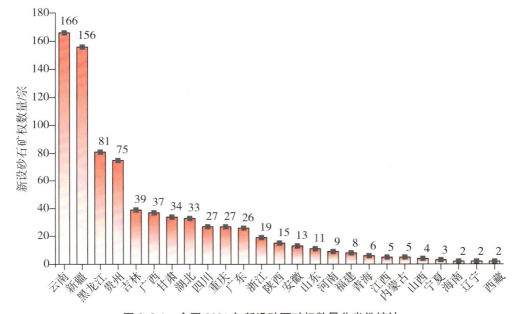

图 2.3-1　全国 2021 年新设砂石矿权数量分省份统计

2022 年，全国新设砂石矿权数量 719 宗，其中云南新设砂石矿权数量最多，为 186 宗；新疆、黑龙江、贵州新设砂石矿权数量为 50～70 宗；吉林、广西、甘肃新设砂石矿权数量为 35～40 宗；湖北、四川、重庆、广东、浙江新设砂石矿权数量为 10～25 宗；陕西、福建、江西、西藏、河南、辽宁、河北、山东、江苏、海南新设砂石矿权数量少于 10 宗(图 2.3-2)。

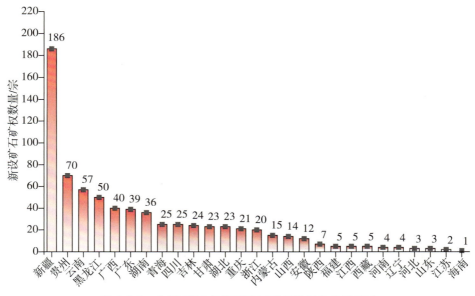

图 2.3-2 全国 2022 年新设砂石矿权数量分省份统计

2023 年,砂石企业矿权竞拍趋于理性,部分砂石矿权出现流拍的现象。全国新设砂石矿权数量 915 宗(已成交),其中新疆新设砂石矿权数量最多,为 240 宗;甘肃、贵州、黑龙江、湖南、云南新设砂石矿权数量为 50~100 宗;广东、山西、吉林、江西、广西、湖北、山东、四川、浙江新设砂石矿权数量为 20~50 宗;辽宁、重庆、青海、内蒙古、陕西新设砂石矿权数量为 10~20 宗;安徽、河南、江苏、西藏、宁夏、海南、福建新设砂石矿权数量均少于 10 宗(图 2.3-3)。

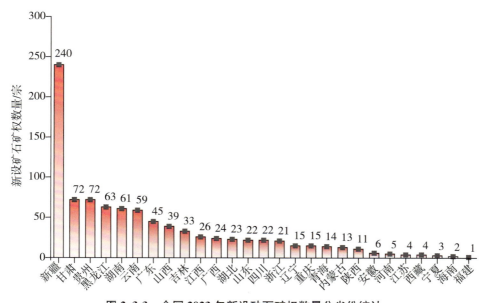

图 2.3-3 全国 2023 年新设砂石矿权数量分省份统计

2.4　小结与分析

我国砂石行业历经 4 个发展阶段,从 1949—1977 年的天然砂石采集,到 1978—2012 年的小规模机制砂石生产,再到 2013—2019 年的规模化、机械化转型,直至 2020 年至今的绿色低碳高质量发展。近年来,受基建和房地产市场影响,砂石需求减弱,产量下降,2021—2023 年全国砂石年产量分别为 197 亿 t、174.2 亿 t、168.35 亿 t。与此同时,砂石价格整体呈下降趋势,2023 年 12 月全国砂石综合均价为 105 元/t,较 2023 年 1 月下降 2.7%。此外,砂石需求端也发生变化,水泥产量逐年下降,2021—2023 年全国水泥年产量分别为 23.63 亿 t、21.29 亿 t、20.22 亿 t,导致砂石需求量减少。尽管如此,砂石行业仍在向绿色、智能化方向发展,矿权设置更加理性,企业数量和装备水平不断提高。

第3章　长江上游河道采砂规划

3.1　规划概况

自2015年以来,长江上游干流宜宾以下河道共编制了两轮采砂规划,分别是《长江上游干流宜宾以下河道采砂规划(2015—2019年)》和《长江上游干流宜宾以下河道采砂规划(2020—2025年)》。这两轮规划均致力于合理利用长江上游的砂石资源,同时确保长江的生态安全、防洪安全、航行安全和沿岸地区的可持续发展。

3.1.1　干流河道采砂规划情况

(1)《长江上游干流宜宾以下河道采砂规划(2015—2019年)》

《长江上游干流宜宾以下河道采砂规划(2015—2019年)》从规划启动到最终获得水利部批准并开始实施,整个过程经历了超过10年的时间。该规划的延迟实施,反映了项目在准备阶段面临的复杂性和挑战性,包括环境保护、生态平衡、技术评估等多个方面的考量。该规划最终于2014年12月底获得了水利部的正式批复,并于2015年7月1日正式开始实施。规划覆盖了从宜宾以下至长江上游干流的约1040km长的河段,主要目标是合理规范河道内的建筑砂石料开采活动。该规划设定的基准年为2013年,规划周期为2015—2019年,共计5年,但是由于实际实施日期为2015年7月1日,因此实际上规划的有效执行期为4.5年。

根据规划,禁采区包括从四川省宜宾市延伸至重庆市地维长江大桥的332km河段以及13类特定的禁采区。同时,规划明确了88个可采区,其中重庆市占85个,湖北省占3个。这些可采区的选择基于对河段多年来的河势变化、河床沉积物变化、泥沙供应、航道状况、两岸堤防、险工分布等多个方面因素的综合评估,旨在确保采砂活动不会对河势稳定、防洪安全、航运畅通、水环境质量和水生态系统保护造成负面影响。可采区的年度控制开采深度通常限制在2~4m,年度控制开采点为72个,总控制采砂量为1530万t,其中重庆市占1506万t,湖北省占24万t。《长江上游干流宜宾以下河道采砂规划（2015—2019 年）》规划期内各采区年度开采量见图 3.1-1。

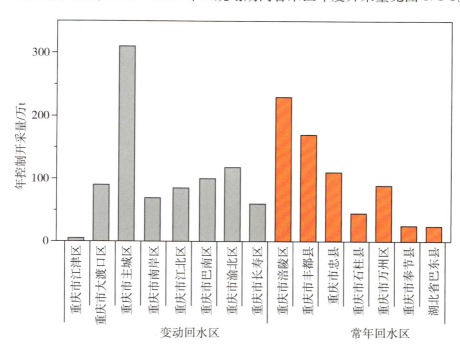

图 3.1-1　《长江上游干流宜宾以下河道采砂规划（2015—2019 年）》规划期内各采区年度开采量

　　该规划还设定了保留区，即除可采区和禁采区外的其他区域。保留区若经过科学论证并完成相应程序后，可以转变为新的可采区，其采砂量将计入年度总控制采砂量。所有 88 个可采区均位于三峡水库库区内，根据涪陵区的位置大致划分，38 个可采区位于变动回水区，年度控制开采点为 33 个，总控制采砂量为 837 万 t；另外 50 个可采区位于常年回水区，年度控制开采点为 39 个，总控制采砂量为 693 万 t（表 3.1-1）。

表 3.1-1　《长江上游干流宜宾以下河道采砂规划（2015—2019 年）》可采区分布及年度控制条件

库区位置	行政区划	可采区个数	年控制开采点个数	作业方式	采砂机械及控制数量
变动回水区	重庆市江津区	1	1	水采	采砂船 1 艘
	重庆市大渡口区	2	2	水采	采砂船 3 艘
	重庆市主城区	13	12	旱采/水采	采砂船 13 艘，挖掘机 6 台
	重庆市南岸区	5	4	旱采/水采	采砂船 3 艘，挖掘机 3 台
	重庆市江北区	3	3	旱采/水采	采砂船 3 艘，挖掘机 4 台
	重庆市巴南区	6	4	旱采/水采	采砂船 4 艘，挖掘机 5 台
	重庆市渝北区	2	2	旱采/水采	采砂船 3 艘，挖掘机 8 台
	重庆市长寿区	6	5	旱采/水采	采砂船 5 艘，挖掘机 6 台

库区位置	行政区划	可采区个数	年控制开采点个数	作业方式	采砂机械及控制数量
常年回水区	重庆市涪陵区	19	13	水采	采砂船 15 艘
	重庆市丰都县	7	5	水采	采砂船 5 艘
	重庆市忠县	11	8	水采	采砂船 8 艘
	重庆市石柱县	3	3	水采	采砂船 3 艘
	重庆市万州区	3	3	水采	采砂船 4 艘
	重庆市奉节县	4	4	水采	采砂船 4 艘
	湖北省巴东县	3	3	水采	采砂船 3 艘
合计		88	72		采砂船 77 艘,挖掘机 32 台

该规划规定的采砂方式包括陆上采砂(旱采)和水下采砂(水采)两种。其中,旱采作业主要依赖机械设备,标准配置为 $75\sim150kW$ 的挖掘机;水采作业主要使用配备砂泵的吸砂船、链斗式或抓斗式采砂船。考虑到长江上游现有采砂船只的类型和三峡工程的运行调度需求,建议在重庆市长寿区以上的可采区使用功率不超过 $350kW$ 的采砂船进行水采作业,在长寿区以下的可采区则使用功率不超过 $1250kW$ 的采砂船进行水采作业。

此外,该规划还规定了禁采期,即当寸滩站的流量超过 $25000m^3/s$ 的时段,以及每年的 2 月 1 日至 4 月 30 日(对于位于长江重庆段四大家鱼国家级水产种质资源保护区核心区域的可采区,禁采期延长至 6 月 30 日),严格禁止任何采砂活动,以保护水生生物的繁殖季节,维护生态平衡。

(2)《长江上游干流宜宾以下河道采砂规划(2020—2025 年)》

《长江上游干流宜宾以下河道采砂规划(2020—2025 年)》针对长江上游干流宜宾以下河道进行了详细规划,该河道自四川省宜宾市合江门至湖北省宜昌市西陵区,长度约为 1040km。为了满足环境保护和城市发展的需要,宜宾合江门至重庆地维长江大桥河段,由于涉及自然保护区和城区河段的保护,被直接划定为禁采区。

该规划的重点区域位于长江上游干流鱼嘴两江大桥以下的三峡库区河段,长度约为 634km。该规划旨在贯彻长江经济带的新发展理念,强调大保护与高质量发展的双重目标。通过深入研究河道的淤积特性、航道的特点和规划的动态调整机制,提出了具体的采砂分区规划、年度控制总量、规划实施与管理的要求。《长江上游干流宜宾以下河道采砂规划(2020—2025 年)》规划期内各采区年度开采量见图 3.1-2。

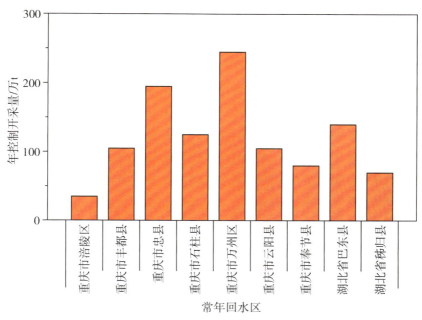

图 3.1-2 《长江上游干流宜宾以下河道采砂规划(2020—2025 年)》规划期内各采区年度开采量

禁采区细分为禁采河段和禁采水域两类。禁采河段主要包括长江上游珍稀特有鱼类国家级自然保护区范围内四川省宜宾市至重庆市地维长江大桥约 332km 河段、三峡库区恩施州水生生物自然保护区河段、长江重庆段四大家鱼国家级水产种质资源保护区核心区的河段、重庆绕城高速公路以内的河段、跨江大桥上下游的保护河段等。禁采水域依据堤防护岸、涵闸泵站(排水口)、沿江公路、水文监测断面、航道、通航建筑物等 10 种类型的保护范围来确定。

该规划设定了 37 个可采区,其中重庆市占 29 个,湖北省占 8 个,全部位于三峡水库库区河道范围内(表 3.1-2)。经过综合分析,确定在可采期内适量采砂不会对防洪、河势、供水、水生态环境、通航、涉水工程设施等方面产生显著的负面影响。除了明确的禁采区和可采区外,其余区域被定义为保留区。

禁采期定为当寸滩站流量超过 25000m³/s 的时段,以及每年的 3 月 1 日至 6 月 30 日。这是为了保护长江的生态敏感时期,特别是水生生物的繁殖季节。

考虑到三峡水库蓄水后库区河道出现明显淤积的情况,该规划主要以开采库区淤砂为目标,同时综合考虑了泥沙淤积分布、砂粒含量、三峡水库蓄水前后洲滩砂石储量等因素,提出了年度总控制采砂量为 1100 万 t 的目标,其中重庆市为 890 万 t,湖北省为 210 万 t。

表 3.1-2　　　《长江上游干流宜宾以下河道采砂规划(2020—2025 年)》可采区分布及年度控制条件

库区位置	行政区划	可采区个数	面积/万 m²	作业方式	采砂机械及控制数量
常年 回水区	重庆市涪陵区	2	33.9	水采	采砂船 2 艘
	重庆市丰都县	3	245.6	水采	采砂船 5 艘
	重庆市忠县	5	372.6	水采	采砂船 8 艘
	重庆市石柱县	3	194.3	水采	采砂船 5 艘
	重庆市万州区	6	344.4	水采	采砂船 9 艘
	重庆市云阳县	6	232.2	水采	采砂船 7 艘
	重庆市奉节县	4	88.7	水采	采砂船 4 艘
	湖北省巴东县	4	145.5	水采	采砂船 6 艘
	湖北省秭归县	4	126.6	水采	采砂船 4 艘
合计		37	1783.8		采砂船 50 艘

此外,该规划还提出了可采区的动态调整和保留区的转化等动态管理要求,确保规划期内能够根据实际情况适时调整可采区的相关控制指标,或者根据河道变化情况和采砂管理的实际需求,将保留区转为禁采区或可采区,以此实现对长江上游干流河道采砂活动的科学管理和有效监管。

3.1.2　典型省级河道采砂规划情况

部分省份对辖区内河道采砂工作进行了相应规划。截至 2023 年 7 月,西藏自治区在河道采砂方面实施了严格的年度控制策略,其年度控制开采总量设定为 5521.53 万 m³,相当于约 8282.295 万 t。

云南省于 2024 年进一步加大了对河道采砂的管理力度,其年度控制开采总量高达 8502.6 万 m³,约为 12753.9 万 t。这反映云南省在保障经济建设需求的同时,对自然资源合理利用和环境保护的高度重视。

重庆市和湖北省也分别编制了重要河道采砂管理规划。《重庆市重要河道采砂管理规划(2021—2025 年)》将河道年度控制开采总量设定约为 660 万 t,以确保河道安全和生态环境。《汉江中下游干流及东荆河河道采砂规划(2018—2023)》规定年度控制开采总量约为 695 万 t,以维护汉江、东荆河的生态平衡和航道安全。

《贵州省河道采砂管理重点河段、敏感水域采砂管理规划(2021—2025)》规定,年度开采总量约为 181.6 万 t。

3.2　开采情况

《长江上游干流宜宾以下河道采砂规划(2015—2019 年)》的实施,标志着长江上游干流首轮采砂规划的正式启动,其规划范围涵盖了四川省、重庆市、湖北省。值得注意的是,四川省由于长江上游珍稀特有鱼类国家级自然保护区的设立,全面禁止了采砂活动,因此未涉及采砂许可与实施。湖北省在 2018 年和 2019 年分别实施了 3 个可采区,实际采砂总量分别达到 23.7 万 t 和 16.0 万 t。

重庆市作为此轮采砂规划的核心实施区域,承担了主要的可采区许可和采砂活动。据统计,2016—2019 年,重庆市共批准了 28 个可采区(含 1 个由保留区转化而来的可采区),许可采砂总量高达 1000.1 万 t。在实际执行中,27 个可采区(部分区域经历多次许可与实施)共完成采砂 648.1 万 t,年均采砂量为 162.0 万 t。具体而言,2016—2019 年各年度实施情况分别为:17 个可采区完成 212.9 万 t(2016 年)、19 个可采区完成 124.7 万 t(2017 年)、8 个可采区完成 134.9 万 t(2018 年)、12 个可采区完成 175.5 万 t(2019 年)。相比之下,湖北省在规划期间的可采区数量较少,实施规模较小。

此外,重庆市于 2017 年 2 月实施的《重庆市河道采砂管理办法》明确规定,重庆主城外环绕城高速以内的长江干流区域禁止采砂,这直接限制了采砂活动的地理范围,使得采砂活动仅在重庆主城外环绕城高速以下的河段得以开展。该河段年度控制开采量设定为 853 万 t,而实际年均采砂量仅占该控制量的 20.2%。

2015—2019 年整个规划期间,实际采砂总量达到 687.8 万 t,年均采砂量为 171.9 万 t(表 3.2-1)。其中,三峡库区长江干流变动回水区共许可 5 个可采区,许可采砂量 139.4 万 t,实际完成 101.8 万 t;常年回水区则许可了 26 个可采区,许可采砂量 908.4 万 t,实际完成 586.0 万 t。在常年回水区与变动回水区的交界处,重庆市涪陵区拥有最多的许可可采区(12 个),许可采砂量为 356.0 万 t,实际完成 179.6 万 t;而位于常年回水区的重庆市万州区则在实际完成采量上领先,其 3 个许可可采区许可采量为 327.0 万 t,实际完成 240.8 万 t。

表 3.2-1　《长江上游干流宜宾以下河道采砂规划(2015—2019 年)》规划期内实施可采区情况统计

库区位置	行政区划	规划可采区数量	规划采量/万 t	许可可采区数量	许可采砂量/万 t	实际采砂总量/万 t
变动回水区	重庆市江津区	1	25	0	—	—
	重庆市大渡口区	2	450	0	—	—
	重庆市主城区	13	1550	0	—	—
	重庆市南岸区	5	345	0	—	—
	重庆市江北区	3	425	0	—	—
	重庆市巴南区	6	500	0	—	—
	重庆市渝北区	2	590	2	60.0	47.0
	重庆市长寿区	6	300	3	79.4	54.8

库区位置	行政区划	规划可采区数量	规划采量/万 t	许可可采区数量	许可采砂量/万 t	实际采砂总量/万 t
常年回水区	重庆市涪陵区	19	1150	12	356.0	179.6
	重庆市丰都县	7	850	1	20.0	20.0
	重庆市忠县	11	550	5	121.1	82.4
	重庆市石柱县	3	225	2	36.6	23.5
	重庆市万州区	3	445	3	327.0	240.8
	重庆市奉节县	4	125	0	—	—
	湖北省巴东县	3	120	3	47.7	39.7
合计		88	7650	31	1047.8	687.8

3.3　规划效果

3.3.1　取得成效

《长江上游干流宜宾以下河道采砂规划》(以下简称《采砂规划》)在获得正式批复后,各级水行政主管部门沿江而上,积极行动,全力推进该规划的具体实施。这样不仅强化了禁采区和禁采期的严格监管,还稳妥有序地开展了可采区的许可审批工作,并加强了对采砂区的现场监督与管理。这一系列举措有力地维护了长江河道的河势稳定,全面保障了防洪安全、供水安全、生态安全、航道与通航安全,以及涉水工程设施的正常运行。虽然在某些局部水域,非法采砂现象仍偶有发生,但是从总体来看,长江干流河道采砂管理已经取得了显著的成效,呈现出"总体可控、稳定向好"的积极态势。

作为一项具有明确限制性的规划,《采砂规划》的核心目的是规范河道采砂行为,确保砂石资源的可持续利用。从实施情况来看,《采砂规划》不仅成功地指导了砂石资源的合理开发与利用,还有效地约束了河道采砂活动,取得的成效主要体现在以下几个方面。

(1)极大地推动了长江干流河道采砂向科学化、有序化的方向发展

由于历史原因,2015 年以前,长江上游地区缺乏专门的采砂规划进行指导,导致采砂管理相对薄弱,呈现出无序、掠夺式的开采状态。然而,随着《采砂规划》的实施,这一无序状态得到了根本性的扭转。四川省积极响应要求,严格落实采砂管理措施,有效地解决了自然保护区禁采河段采砂屡禁不止的难题。在《采砂规划》的指导下,各地逐渐探索出了符合地方实际、行之有效的管理制度,长江河道采砂管理形势持续向好。

（2）有力地维护了长江河势的稳定，全面保障了长江的防洪、供水、水生态、航道与通航安全，以及涉水工程设施的正常运行

《采砂规划》依据河道的演变规律、泥沙补给情况等因素，科学合理地划定了禁采区、可采区，规定了禁采期，并通过严格的开采量控制，确保了采砂活动对河势、防洪、供水、水生态、通航和涉水工程设施的影响处于可控范围之内。这一系列举措有力地保障了长江的各项安全，为长江的可持续发展奠定了坚实基础。

（3）有效地补充了沿江地区经济社会建设需要的砂石资源

河道砂石作为一种优质的建筑砂料，是沿江地区经济社会建设不可或缺的重要资源。在 2015—2019 年长江上游干流采砂规划实施期间，共计实施了 687.8 万 t 的采砂作业；而在随后的 2016—2020 年，长江干流河道砂石规范有序的开采与利用，更是为沿江地区的经济建设和长江经济带的高质量发展提供了有力的资源支撑。

（4）促进了各地采砂管理能力和监管水平的提升，推动了采砂管理责任体系的不断完善与落实

在《采砂规划》的指导下，沿江各地积极加强采砂管理能力建设，不断提升监管水平。例如，部分省（直辖市）建立了先进的"数字采砂管理"监管系统，实现了对非法采砂活动的实时监控和精准打击。此外，《采砂规划》的实施还推动了地方政府行政首长负责制的落实，采砂管理责任体系逐步建立健全，采砂管理逐步走向规范化、精细化。

然而，在《采砂规划》的实施过程中，也暴露出了一些问题。例如，实际实施开采的可采区数量、许可采砂量和实际采砂量均显著低于预期目标。统计结果显示，许可采砂量仅占规划采砂总量的 13.7%，而实际采砂量更是仅占许可采砂量的 65.6%、规划采砂总量的 9%。此外，采砂许可的公开拍卖方式虽然体现了公平性，但是也引发了一些新的问题。部分采砂业主在盲目高价中标后，为了盈利而采取超范围、超量开采等违法违规行为，给采砂监管带来了极大的挑战。这些不足表明，在砂石资源供需矛盾日益突出的背景下，《采砂规划》的适应性和指导性、采砂监管的能力建设等方面仍有待进一步加强和完善。

综上所述，虽然在《采砂规划》的实施过程中存在一些问题和挑战，但是从总体来看，《采砂规划》的实施为长江干流河道采砂管理提供了重要的依据和指导，对规范河道采砂行为、科学有序利用砂石资源发挥了重要作用，并取得了显著的成效。

3.3.2　复核情况

由对长江上游干流宜宾以下河道泥沙淤积分布及淤积规律的分析可知，库区常年回水区的忠县至万县段淤积强度相对较高。同时，根据对多个区（县）的实地调研可知，长江干流忠县段水域在 2017—2019 年都有对规划的可采区实施开采，具有较好的典型

性和代表性。因此,选择忠县段作为典型可采区,具体分析其实施过程和成效。

3.3.2.1 基本特征

忠县长江河段左岸上游至与丰都县交界的撮箕口,下游至与万州区交界的崔家河,左岸全长约74km;右岸上游至与丰都县交界的大山溪,下游至与石柱县交界的复兴镇,全长约40km。河段两岸为低山丘陵,地势较为平缓,河段平面河势弯曲,河道上段较为窄深,下段较为宽浅。三峡水库蓄水运用以后,河段位于常年库区以内,全年水深大幅抬升,比降变小,流速变缓,两岸的石嘴、石梁,以及两岸边滩基本被淹没于水下,岸线得以平顺。

在三峡175m蓄水期,忠县长江河段河宽保持在1000m左右,在145m蓄水期,河宽则在900m左右,最宽处则达到1500m。河道深泓线沿程高低起伏,在天然情况下绝对高差最大约18m。三峡水库蓄水后,河段出现泥沙累积性淤积,河道深泓线出现横向和纵向摆动。

《长江上游干流宜宾以下河道采砂规划(2015—2019年)》在长江干流忠县河段共规划了11个可采区,分别为桐麻碛、江家碛、塘土坝、勾连碛、东溪口、上连二碛、下连二碛、大碛脑、秤杆碛、烧鞭碛、簪眼碛,且规定了年可采区不能超过8个(表3.3-1)。

表3.3-1 《长江上游干流宜宾以下河道采砂规划(2015—2019年)》忠县河段可采区分布

编号	可采区名称	起点距宜宾航道里程/km	终点距宜宾航道里程/km	起点距宜昌航道里程/km	终点距宜昌航道里程/km	可采区长度/km	年度控制开采量/万t	采砂机械数量	禁采期
1	桐麻碛	601.7	605.0	441.8	438.5	3.2	10	采砂船1艘	2月1日至4月30日和寸滩站流量大于25000 m³/s的时段
2	江家碛	603.0	609.8	440.5	433.7	5.9	20	采砂船1艘	
3	塘土坝	607.8	610.0	435.7	433.5	2.1	10	采砂船1艘	
4	勾连碛	614.0	617.1	429.5	426.4	2.8	10	采砂船1艘	
5	东溪口	623.0	624.6	420.5	418.9	1.7	10	采砂船1艘	
6	上连二碛	627.0	629.3	416.5	414.2	2.0	15	采砂船1艘	
7	下连二碛	629.8	631.4	413.7	412.1	1.7	10	采砂船1艘	
8	大碛脑	638.5	641.6	405	401.9	2.6	15	采砂船1艘	
9	秤杆碛	646.3	648.4	397.2	395.1	1.9	20	采砂船1艘	
10	烧鞭碛	650.9	654.5	392.6	389	4.0	15	采砂船1艘	
11	簪眼碛	657.4	659.6	386.1	383.9	1.5	10	采砂船1艘	
合计						29.4	145	采砂船11艘	

注:采区全部采用宜宾起算航道里程。

在实际实施过程中,塘土坝和烧鞭碛在 2017—2019 年都实施了开采,以这两个可采区为对象进行具体分析(表 3.3-2)。

表 3.3-2 忠县河段典型采砂区布置

序号	采区	岸别	砂石种类	航道里程/km	面积/m²
1	塘土坝	右岸	卵石夹砂	432.3～433.7	186300
2	烧鞭碛	左岸	卵石夹砂	390.0～391.3	221500

(1)塘土坝可采区

塘土坝为砂卵石碛坝,位于长江江中,在天然情况下水流循右岸,根据 2003 年洲滩调查资料,塘土坝长度约为 3500m,最大宽度为 820m,平均宽度为 580m,洲顶高程为 160.8m(图 3.3-1)。2003 年三峡水库蓄水后,塘土坝全部位于水下,只在三峡消落期和汛期露出部分在水上,三峡水库蓄水后塘土坝可采区范围内持续淤积,最大淤积厚度超过 30m,主要淤积时段为 2003—2012 年。为了使采砂后汛前水流不影响卵石碛坝的河势稳定,洲头不建议采砂,采区布置在碛坝中下段。采区河段水位 168m 以下时,主流循右岸,右岸为主航槽,为了采砂时不影响水流,河段水位 168m 以下时禁止采砂。塘土坝可采区坐标统计见表 3.3-3。

图 3.3-1 塘土坝现状河势

表 3.3-3 塘土坝可采区坐标统计(大地 2000 坐标系)

坐标点	X	Y	坐标点	X	Y
A	497827	3342918	C	499037	3343406
B	497791	3343049	D	499086	3343264

（2）烧鞭碛可采区

烧鞭碛天然情况为左岸一大边滩，碛坝砂质种类为卵石夹砂，烧鞭碛上游挨着平沙坝，在天然情况下是一较大的左岸边滩。烧鞭碛长度约为 2350m，最大宽度为 850m，平均宽度为 600m，碛坝洲顶高程为 121.9m（图 3.3-2）。三峡水库蓄水后，烧鞭碛常年位于水下。在开采过程中，为了保证采砂不影响航运安全，预留出左岸通航航道，采砂区要尽量布置在靠近航道中心线位置，距离岸边至少需要留出 300m 距离。烧鞭碛可采区坐标统计见表 3.3-4。

图 3.3-2　烧鞭碛现状河势

表 3.3-4　　　　　　　　　烧鞭碛可采区坐标统计（大地 2000 坐标系）

坐标点	X	Y	坐标点	X	Y
A	515411	3365766	E	514557	3364921
B	515086	3365572	F	515020	3365265
C	514620	3365220	G	515473	3365623
D	514475	3365047	H	515473	3365623

3.3.2.2　实施过程

在忠县水务局（现忠县水利局）的委托下，重庆市拍卖中心有限公司于 2017 年 5 月主持对长江干流忠县段水域的塘土坝、烧鞭碛可采区的砂石资源开采权进行了拍卖。

可采区具体拍卖的砂石资源情况如下：塘土坝采砂区域右岸航道里程 432.3～433.7km（河道里程 607.7～606.3km），年许可开采量 10 万 t；烧鞭碛采砂区域左岸航道里程 390.0～391.3km(河道里程 650.0～648.7km),年许可开采量 15 万 t。开采方式为水下机械开采,开采权出让期限为 2 年,自拍卖成交之日起第 60 日开始计算,所有采区内出让期至 2019 年 7 月 18 日结束,每个采砂区采砂船控制数量为 1 艘。竞拍成交价格以及采砂业主信息见表 3.3-5,折合每吨砂成交价约为 12.4 元。

表 3.3-5　　　　　　　　　　竞拍成交价格以及采砂业主信息

具体位置	年许可采砂量 /万 t	成交价格 /(万元/年)	采砂方式	采砂业主及法人代表	采砂船舶
塘土坝	10	125	水采	重庆聚威节能建材有限公司	国秀 998 号
烧鞭碛	15	185	水采	重庆盈田船舶维修有限公司	疏浚 010
合计	25	310			

统计数据显示,塘土坝和烧鞭碛采区两年实施采砂量分别为 15.20 万 t 和 18.80 万 t。塘土坝和烧鞭碛两个采区的采砂量未达到许可采砂量。

3.3.2.3　复核分析

目前,在采砂监督管理过程中,对采砂量的准确监管难度较大。通常采砂量是由采砂业主定期上报,其数据准确性存疑。在部分区域已经在逐步实施旁站式的采砂量监管,对采砂量的统计准确性会有所提升。为了分析评估统计采砂量的准确性,基于长江干流忠县区域泥沙补给分析,结合 2016—2019 年忠县典型可采区实施采砂的范围地形变化,对典型可采区的采砂量进行复核。

(1)区域泥沙补给分析

忠县河段泥沙来源主要是河段上游泥沙及其区间支流泥沙。河段下游万县水文站多年平均(1952—2018 年)输沙量为 35500 万 t,河段上游清溪场水文站多年平均(1985—2018 年)输沙量为 26200 万 t,占万县水文站输沙量的 73.8%,说明长江上游干流河道来沙是河段泥沙的主要来源。

近几年,受到沿江两岸岩石的自然风化和人类活动的影响,加上三峡水库进行 145～175m 蓄水之后在河岸两边形成消落带,在强降雨的作用下,嘉陵江及长江两岸边坡滑坡垮岩时有发生,使大量泥沙汇入江中。此外,在河床基岩上人工开凿砂岩石条,水泥厂进行灰岩爆破取石等,使得大量碎石残留于河床。同时,随着国家经济建设的发展,两岸公路、铁路建设产生大量弃石,直接和间接被雨水带入河道,是泥沙来源的另一途径。不过,随着长江上游水土保持工作的大力开展,边坡侵蚀泥沙及滑坡等造成的泥沙也在逐渐减少。

采用忠县河段控制站清溪场、万县水文站两个国家基本水文站长系列的实测输沙资料,进行输沙法泥沙补给分析。三峡水库蓄水后的 2003—2018 年,清溪场水文站年平均悬移质输沙量为 1.38 亿 t,万县水文站年平均输沙量为 0.867 亿 t。清溪场水文站—万县水文站河段泥沙历年均为淤积,年内淤积量在 1956 万～9612 万 t,2003—2018 年累积淤积泥沙 81450 万 t,淤沙量占万县水文站总输沙量的 58.7%,淤沙量极大。

从年内冲淤变化来看,冲淤量年内分配极不均匀,除了 2003 年、2016—2018 年枯季略有冲刷外,其他时段全部表现为淤积。淤积量较大月份主要集中在汛期 5—10 月。例如,2003—2018 年 5—10 月河段总淤积量占全年总淤积量的 97.6%,汛期河段上游来沙量较大,洪水过后泥沙易沉积,致使河道泥沙淤积量大。2016—2018 年清溪场—万县水文站河段的泥沙淤积总量为 7214 万 t。清溪场—万县水文站河段长度约为 192.5km,假设泥沙在长江干流清溪场—万县水文站沿线是均匀淤积的,该河段河宽按照 1km 估算,则 2016—2018 年长江干流清溪场—万县水文站河段单位面积淤积强度约为 37.48 万 t/km²。长江干流忠县段在清溪场—万县水文站河段内,由三峡水库库区泥沙淤积分布特征可知,忠县河段属于淤积强度较大的区域,因此其淤积强度应该大于清溪场—万县水文站河段,本次估算取系数 1.2,得到 2016—2018 年忠县河段单位面积淤积强度约为 44.98 万 t/km²。

(2)区域地形变化分析

在 2016 年采砂实施前以及 2019 年采砂实施后,对忠县可采区进行了地形勘测,基于地形勘测对比结果分析泥沙量变化情况。

1)塘土坝可采区

根据塘土坝可采区 2016—2019 年的地形变化结果,发现可采区内有冲有淤,整体表现为冲刷(图 3.3-3)。地形图对比计算得到冲刷量为 34300m³,泥沙容重按照 1.88t/m³ 估算,折合约为 6.45 万 t。

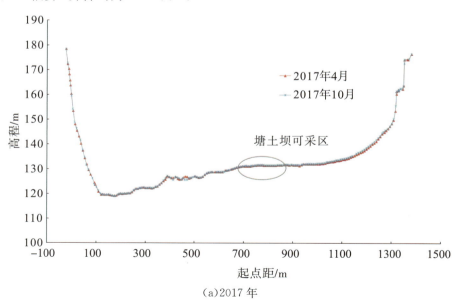

(a)2017 年

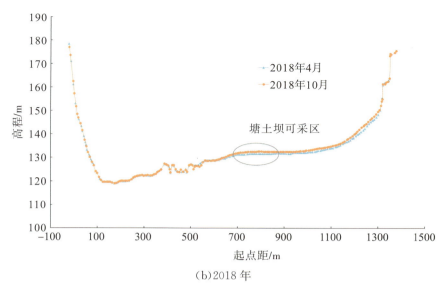

(b)2018 年

图 3.3-3　塘土坝采区断面汛期变化(S220 断面)

根据 2017 年和 2018 年塘土坝可采区代表断面 S220 的变化,可以看到可采区附近 S220 断面 2017 年汛期冲淤变化较小,断面几乎无变化;2018 年汛期淤积量稍大,可采区范围内淤积厚度为 0.5~1.0m,平均淤积厚度约为 0.8m。由此也可以判断采区内发生了明显的采砂活动,导致了采区的整体冲刷。

2)烧鞭碛可采区

根据烧鞭碛可采区 2016—2019 年的地形变化结果,发现可采区内有冲有淤,整体表现为冲刷(图 3.3-4)。地形图对比计算得到冲刷量为 43800m³,泥沙容重按照 1.88t/m³ 估算,折合约为 8.23 万 t。

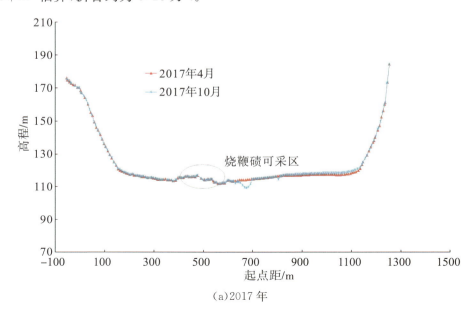

(a)2017 年

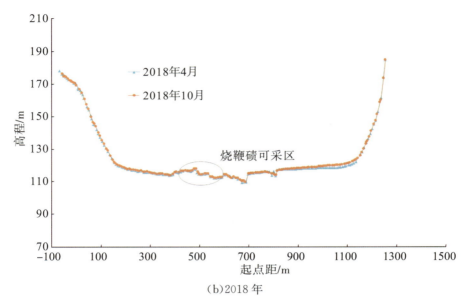

（b）2018年

图 3.3-4　烧鞭碛采区断面汛期变化（S197 断面）

根据 2017 年和 2018 年烧鞭碛可采区代表断面 S197 的变化，可以看到可采区内 S197 断面 2017 年汛期和 2018 年汛期冲淤变化较小，淤积厚度约为 0.2m。由此也可以判断可采区内发生了明显的采砂活动，导致了可采区的整体冲刷。

（3）实际估算采砂量与统计采砂量对比

由对可采区地形变化进行计算分析可知，2016—2019 年，长江干流忠县境内塘土坝和烧鞭碛两个典型可采区冲刷量分别为 6.45 万 t 和 8.23 万 t。

泥沙补给分析得到的 2016—2018 年忠县河段单位面积淤积速率约为 44.98 万 t/km^2，两个典型可采区面积分别为 186300m^2 和 221500m^2，由此估算得到 2016—2019 年期间两个典型可采区泥沙补给量分别为 11.17 万 t 和 13.28 万 t。

综合考虑可采区泥沙减少量和其间泥沙补给量，从而可以估算得到塘土坝和烧鞭碛两个典型可采区实际采砂总量分别为 17.62 万 t 和 21.51 万 t。

2016—2019 年长江干流忠县典型可采区许可采砂量与复核估算量对比见表 3.3-6。可以看到，塘土坝和烧鞭碛的复核采砂量均超过统计采砂量，超出比例为 14%～16%。虽然复核采砂量与统计采砂量存在一定差异，但是差异不是很大，考虑泥沙补给的估算与实际必然存在一定区别，14%～16% 的差异属于可接受范围，而且可以发现两个采区的复核采砂量全部都小于规划期许可采砂量，因此可以认为长江干流忠县两个典型可采区的采砂量基本按照许可量执行，未出现明显的超采。

表 3.3-6　　　2016—2019 年长江干流忠县典型可采区许可采砂量与复核估算量对比

可采区 名称	规划期控制 开采量/万 t	规划期许 可采砂量/万 t	规划期统计 采砂量/万 t	复核估算 采砂量/万 t	统计量与 复核量差异/%
塘土坝	50	20	15.2	17.6	15.9
烧鞭碛	75	30	18.8	21.5	14.4
合计	125	50	34.0	39.1	15.0

3.4　小结与分析

通过对最新一轮长江上游干流宜宾以下河道采砂规划以及长江中下游干流河道采砂规划实施情况的调研分析,得到以下结论。

①在规划期内,长江上游干流宜宾以下河道行政许可实施可采区 31 个,许可采砂量为 1047.8 万 t,统计完成采砂量为 687.8 万 t。其中,在三峡库区长江干流变动回水区合计许可可采区为 5 个,许可采砂量为 139.4 万 t,统计完成采砂量为 101.8 万 t;在三峡库区长江干流常年回水区合计许可可采区为 26 个,许可可采砂量为 908.4 万 t,统计完成采砂量为 586.0 万 t。

②选择长江干流忠县河段两个典型可采区作为代表,进行了可采区采砂量复核分析评估,结果表明两个典型可采区的复核采砂量超过统计采砂量约 15%,基本是按照许可量执行,可采区实施量的统计结果较为可靠。

③从实施效果来看,《采砂规划》的实施,在指导合理开发利用砂石资源的同时,对河道采砂行为起到了较好的约束作用。有力推动了长江干流河道采砂走向科学、有序的轨道;有力维护了长江河势稳定,保障了长江防洪安全、供水安全、水生态安全、航道与通航安全和涉水工程设施的正常运行;补充了沿江地区经济社会建设需要的砂石资源;有效推动了各地采砂管理能力和监管水平的提高,促进了采砂管理责任体系的落实,取得了较好的成效。

④从《采砂规划》的实施结果可以看到依然存在一些不足,较为突出的是实际实施开采的可采区数量显著低于规划中划定的可采区,许可采砂量以及实际采砂量相比规划也明显偏低,在砂石资源供需矛盾十分突出、砂石资源供不应求的背景下,《采砂规划》的适应性和指导性以及采砂监管的能力建设等还有待进一步提高。

第4章 长江上游河道采砂管理现状与问题

4.1 管理成效

4.1.1 规章制度不断完善

在现行法律法规体系中,针对河道采砂这一重要的资源管理领域,我国制定了一系列法律、法规和指导性文件,初步形成了较为完善的管理体系。《中华人民共和国水法》(以下简称《水法》)作为水资源管理的基本法,明确规定了国家对水资源的所有权、使用权,以及保护原则,其中包含了对河道采砂活动的基本要求。《中华人民共和国长江保护法》(以下简称《长江保护法》)和《中华人民共和国黄河保护法》分别针对长江和黄河流域的特殊生态环境,进行了更为严格的规定,以确保这两条大河的生态安全和可持续利用。《中华人民共和国河道管理条例》进一步细化了河道管理和保护的具体措施,包括对河道采砂活动的规划、许可等方面的规定。《长江河道采砂管理条例》对长江干流宜宾以下河道内的采砂行为进行了特别规定,旨在防止过度采砂导致的生态环境破坏,确保长江航道的安全畅通。

此外,长江上游的四川、重庆、湖北、西藏4个省(自治区、直辖市)根据本地实际情况,制定了专门的地方性法规来规范河道采砂管理。这些地方性法规不仅补充了国家层面的法律法规,还根据区域特点提出了更具针对性的管理措施。水利部作为主管全国水利工作的部门,采取了多项举措加强河道采砂管理。例如,出台了《水利部关于河道采砂管理工作的指导意见》,为各地开展采砂管理工作提供了方向性的指导;颁布了《河道采砂规划编制与实施监督管理技术规范》和河道采砂许可电子证照标准,提高了采砂管理的专业化和技术水平;与国家发展和改革委员会等部门共同发布了《关于促进砂石行业健康有序发展的指导意见》,强调通过合理规划、科学管理和技术创新促进砂石行业的健康发展;与交通运输部合作建立了河道砂石采运管理单制度,加强了对采砂运输环节的监管。

在司法层面上,最高人民法院、最高人民检察院《关于办理非法采矿、破坏性采矿刑事案件适用法律若干问题的解释》明确将非法采砂行为纳入《中华人民共和国刑法》(以下简称《刑法》)范畴,加大了对违法行为的打击力度,有效震慑了潜在的违法分子。随着一系列法律法规和政策文件的出台,我国河道采砂管理的法规制度体系正在不断完善。

4.1.2　管理责任基本落实

《水利部关于河道采砂管理工作的指导意见》明确指出,对于承担采砂管理任务的河道,必须逐级逐段地落实采砂管理的责任人,包括河长责任人、行政主管部门责任人、现场监管人员,以及行政执法责任人。具体而言,县级以上水行政主管部门应根据其管理权限,指定相应的河道采砂管理责任人,并通过正式渠道向社会公开这些信息,以便公众监督。这种透明化的管理方式不仅有助于提高管理效率,还能增强社会对河道采砂管理工作的认识和支持。

为了更好地应对季节性变化带来的挑战,尤其是主汛期可能引发的洪水灾害,水利部每年都会与各地相关部门合作,梳理并更新那些采砂管理任务较重的重点河段和敏感水域,旨在确保这些重点河段和敏感水域的采砂活动得到更加严格的监控和管理。例如,2022 年,水利部共公告了 2753 个重点河段和敏感水域的采砂管理责任人名单,而在 2023 年,公告的采砂管理责任人名单增加到了 2906 个,显示出管理部门对河道采砂管理工作的持续重视和不断加强的趋势。

《长江河道采砂管理条例》特别针对长江干流宜宾以下河道的采砂管理,实行了地方人民政府行政首长负责制。这意味着,从省级到市级再到县级,各级地方政府的主要负责人都是采砂管理的第一责任人。长江水利委员会(以下简称"长江委")与长江宜宾以下沿线的地方政府紧密合作,确定了采砂管理的各级河长、人民政府、行政主管部门、现场监管人员和行政执法责任人,并且每年定期向社会公布这些信息。这种责任体系的建立和完善,极大地增强了长江干流采砂管理的透明度和执行力。

依托于河湖长制这一平台,我国已经建立起了一套较为完善的采砂管理责任体系。河湖长制的核心在于通过明确各级领导的责任,推动解决河湖管理中的实际问题,从而达到保护和改善河湖生态环境的目的。在采砂管理方面,这一机制同样发挥了重要作用。各级河长不仅是采砂管理的直接责任人,也是协调各方力量、解决跨区域问题的关键人物。通过河湖长制平台,不同层级之间、不同部门之间的沟通协作得到了显著加强,为全面有效地管理河道采砂活动提供了有力保障。通过一系列具体的政策措施和制度安排,我国在河道采砂管理方面取得了初步成效,基本遏制了非法采砂行为。

4.1.3　规划体系初步建立

河道采砂规划是河道采砂管理的重要依据,是规范河道采砂活动的基础。为了确保采砂活动的科学性和合理性,水利部颁布了《河道采砂规划编制与实施监督管理技术规范》(SL/T 423—2021),为流域管理机构和各级水行政主管部门提供了详细的指导,帮助他们科学规范地编制河道采砂规划。该技术规范的出台,不仅提高了规划的科学性和可操作性,还为各级管理部门提供了一套标准化的工作流程,确保了规划的统一性和连贯性。

在具体实施过程中,各大江大河的重要河段都编制并批复了采砂规划。例如,长江上游干流、长江中下游采砂规划,黄河、珠江、淮河流域重要河段采砂规划,松花江、辽河重要河段采砂规划,以及漳河干流采砂规划等,均已获得批准并开始实施。这些规划的编制和实施,为相关流域的采砂管理提供了重要的技术支撑和政策依据。除了长江流域的采砂规划已有较长时间的实践外,其他主要流域的采砂规划均为首次编制。这标志着我国在河道采砂管理方面迈出了重要的一步,填补了长期以来规划的空白。这些新编制的规划不仅涵盖了主要河流的重要河段,还包括了一些支流和小型河流,确保了采砂管理的全面性和系统性。据统计,截至目前,全国各地已编制并批复的采砂规划超过 2600 个,基本实现了对有采砂任务的河道采砂规划全覆盖。这一成就的取得,离不开各级政府部门的共同努力和科学规划。采砂规划的全覆盖,不仅为河道采砂管理提供了坚实的规划依据,还为保护河流生态、维护水系安全、促进砂石资源的合理开发和利用提供了有力保障。通过制定详细的规划和实施科学的管理措施,我国河道采砂管理工作取得了显著成效。

4.1.4　监管合力逐渐形成

在部级层面,我国多个部门建立了紧密的合作机制,以加强长江河道采砂管理。水利部、公安部、交通运输部共同建立了长江河道采砂管理合作机制,使得各部门之间的沟通联系更加紧密,能够及时协调解决采砂管理中的重大问题。水利部与最高人民检察院加强了水行政执法与检察公益诉讼的协作,联合发布了多起非法采砂公益诉讼典型案例,通过这些案例的宣传和警示,提高了社会对非法采砂行为的认识和警惕。水利部与公安部共同制定了《关于加强河湖安全保护工作的意见》,进一步强化了水行政执法与刑事司法的衔接,确保违法行为能够得到及时有效的查处。水利部与交通运输部共同建立并推行了河道砂石采运管理单制度,覆盖了砂石的开采、运输、堆存全过程,大大提升了监管的效率和效果。此外,水利部还设立了"12314"监督举报平台,畅通了涉砂监督举报渠道,充分发挥了舆论监督的作用,鼓励社会各界积极参与河道采砂管理。

在流域层面,各流域管理机构采取了一系列措施,加强采砂管理的协作。长江委与公安部长江航运公安局、交通运输部长江航务管理局签订了合作框架协议,明确了各方在采砂管理中的职责和任务。长江省际边界河段建立了采砂管理合作协议,通过区域合作,共同维护长江流域的采砂秩序。

在地方层面,各地依托河湖长制,建立了"河湖长＋"机制,进一步完善了日常巡查监管制度。许多地方积极运用高清视频监控、GPS 定位、电子围栏等现代技术手段,对河道采砂活动进行常态化监管。这些技术手段的应用,不仅提高了监管的精准度和效率,还减少了人为干预的可能性,确保了监管的公正性和透明度。通过各方的共同努力,我国已经基本形成了上下游、左右岸、干支流联防联控,部门、区域共治共管的河道采砂监管格局。

4.1.5　打击非法采砂持续见效

水利部连续多年组织开展非法采砂专项整治行动,指导地方常态化开展暗访检查,对非法采砂保持高压严打态势,发现一起,打击一起。2021 年 9 月至 2022 年 8 月,水利部组织开展为期一年的全国河道非法采砂专项整治行动,累计查处非法采砂行为 5839 起,查扣非法采砂船舶 488 艘、挖掘机具 1334 台,拆解"三无""隐形"采砂船 693 艘;移交公安机关案件 179 件,其中涉黑涉恶线索 26 条;追责问责相关责任人 145 人,形成有力震慑。2021 年 3—12 月,水利部联合公安部、交通运输部、工业和信息化部、市场监督管理总局开展长江采砂综合整治,查获非法采砂船舶 185 艘(其中隐形采砂船舶 27 艘)、非法运砂船舶 563 艘、非法移动船舶 327 艘,组织拆除历年扣押的非法采砂船舶 1559 艘。2022 年,黄河流域河道采砂专项整治行动共查处(制止)非法采砂行为 1466 起,立案查处 997 起。对非法采砂行为的打击,有效遏制了规模性非法采砂行为,全国河道采砂秩序总体平稳可控且明显向好。

采砂船舶管理是河道采砂管理的一大核心抓手。近年来,各地以推进河湖长制工作落实为契机,狠抓责任落实,强化日常巡查,严格现场监管,扎实开展涉砂船舶清理整治管理工作。有些省份采砂船舶管理系统十分成熟。例如,广东部分省份对河道采砂船舶管理实行四种制度:一是落实集中停靠制度,二是总量控制,三是严格落实河道砂石采运管理单制度,四是推动"三无"非法采砂船舶没收销毁工作试点。广东省出台了《广东省水利厅关于河砂合法来源证明管理的暂行办法》,为全省各级水行政执法队伍打击河道管理范围内使用船舶的非法运砂行为提供了有力保障,同时,在可采区合法作业的采砂船舶上安装河道采砂视频监控系统,对采砂现场实行远程动态监视和管理。有些省份对采砂船舶管理还处于逐步完善阶段。例如,落实完善采(运)砂船舶数量控制、船舶定位监控管理、船舶停泊管理、严禁使用大型吸式采(运)一体化吸砂船采砂;对大部分采砂船进行了取缔,对少量采(运)砂船舶加强管理;加快取缔"三无"采砂船,推动沿江各地拆解采砂船和采砂机具。

4.1.6 统一管理模式逐步推广

长期以来,全国各地主要采取传统的拍卖方式出让河道砂石开采权,为获得开采权并获得高额利润,部分竞争者高价甚至天价中标,在开采过程中超量超范围开采,破坏河床,严重影响防洪安全和生态安全。2009 年,江西省九江市率先探索河道砂石统一开采经营管理模式,对鄱阳湖九江水域采砂实行"统一组织领导、统一开采经营、统一规费征收、统一综合执法、统一利益分配"的"五统一"管理模式,建立了政府主导、部门联动、齐抓共管的工作格局,走出了一条实现鄱阳湖砂石资源保护开发的新路。之后,部分地区学习借鉴九江模式,结合本地实际进行河砂统一开采管理。2019 年 2 月,水利部出台《水利部关于河道采砂管理工作的指导意见》,提出积极探索推行河道砂石统一开采经营的模式。2020 年 3 月,经国务院同意,国家发展和改革委员会等 15 个部门出台《关于促进砂石行业健康有序发展的指导意见》,提出鼓励和支持河砂统一开采管理,推进集约化、规模化开采。2021 年 5 月,《国务院关于深化"证照分离"改革进一步激发市场主体发展活力的通知》进一步明确鼓励和支持河砂统一开采管理,河砂统一开采管理上升为国家政策。目前,长江上游的四川、重庆等省(直辖市)推行规模化统一开采,取得了良好成效。

4.2 管理现状与问题

4.2.1 管理体制方面

(1)现状

河道采砂管理作为保障河道安全、维护生态环境的重要工作,其管理体制直接关系到管理的效果与效率。从当前流域和地方性法规、规章中涉及采砂管理体制的制度设计来看,主要存在以下三类模式。

1)水行政主管部门统一管理

在此模式下,河道采砂工作由水行政主管部门独家负责,从规划、审批到监督、执法等各个环节进行统一管理。这种模式的优点在于职责明确,避免了多部门间的职能交叉和推诿扯皮,有利于最大程度地提高行政管理效能。然而,当面临复杂或跨领域的行政管理事务时,水行政主管部门可能难以独自应对,需要与其他部门协调,但是缺乏制度性的协作机制会增加协调难度和行政成本。因此,这种模式更适用于水行政主管部门自身管理和执法能力较强,机构人员较为健全,或者河道采砂管理任务相对较轻的地方。

2)水利部门统一监管,多部门配合

此模式在明确水利部门作为河道采砂统一监管部门的基础上,其他各部门如国土资源、公安、交通运输、航道、海事、海洋与渔业等,在各自职责范围内进行配合或共同监管。这种模式是目前地方立法的主流,具体又可细分为"点名式"概括性表述和详尽表述两种形式。四川省、湖北省等地方性法规均采用了这种模式。这种模式在强调水利部门统一管理的基础上,充分发挥了各部门的职能优势,提高了管理效率,但是也可能因管辖权冲突和职能交叉而增加协调成本,其效能发挥取决于地方政府的领导统筹能力和牵头部门的协调效果,适用于河道采砂管理工作任务较为繁重复杂或已经实行地方政府统一执法的地区。

3)其他部门主管,水行政主管部门配合

在此模式下,河道采砂工作由非水行政主管部门主管,如水务、建设等部门,而水行政主管部门则负责配合工作。这类模式数量较少,属于地方政府对部门职能职责的自主安排,可能在特定的领域和时期发挥一定优势,但是从全国层面来看,存在法规体系和管理体制上的不协调性。

近年来,中央全面推行河湖长制,明确各级河湖长是所辖河湖管理保护的直接责任人,负责组织领导相应河湖的管理和保护工作,并牵头组织对河湖保护和非法采砂等突出问题依法进行整治。这一制度的推行,为河道采砂管理提供了新的契机。部分省份明确采砂实行属地管理的地方政府行政首长负责制,部分省份则将河道划分为省级、市级、县级、乡级,由相应的水行政主管部门实行分级负责管理。山东省实行河道采砂安全管理责任制,并在部分县(市)建立了行政首长负责制。

当前,我国河道采砂管理体制呈现出多样化的特点,各地根据自身的实际情况和需要,选择了不同的管理模式。未来,随着河湖长制的深入推进和法治化、规范化要求的提高,河道采砂管理体制将进一步优化和完善,以适应新时代河道采砂管理的新要求。

(2)问题

在现代法治理念和市场经济良性运行的背景下,有法可依是行政管理的基础和关键。然而,当前河道采砂管理体制存在多个方面的问题,严重制约了河道采砂管理的有效性和可持续性。

1)全国性立法缺失

目前,除了针对长江干流河道的《长江河道采砂管理条例》外,国家尚未就河道采砂方面出台全国性的法律或法规。现有的国家法律、法规对河道采砂的规定大多停留于一般性和原则性层面,缺乏具体的操作性条款。部门规章虽然存在,但是对地方政府的约束力有限。此外,现行行政管理格局中部门立法相互交叉、冲突,导致流域内大多数地区的河道采砂管理体制不一致,多头管理、权责不清、权责不统一等问题严重。

2)法律支撑不足

虽然《长江河道采砂管理条例》是对《中华人民共和国河道管理条例》(以下简称《河道管理条例》)的细化,并在实际工作过程中起到了良好的效果,但是从总体来看,《长江河道采砂管理条例》和其他各地方河湖采砂管理法规在管理体制上仍缺乏更为全面系统的法律支撑。这导致在河道采砂管理中法律依据不足,难以形成统一、科学、有效的管理模式。

3)部门职责不清

河道采砂涉及水利、自然资源、生态环境、交通运输、农业农村等多个部门。虽然大部分省份已通过立法的形式明确了由水行政主管部门进行统一管理或牵头管理,但是部门之间的职责分工仍然不够清晰。在实践中,多头管理和推诿扯皮现象时有发生,给河道采砂管理带来了很大难度。这种职责不清的状况难以形成合力,降低了管理效能。

4)行政首长负责制落实不到位

河道采砂涉及地方利益,需要政府统一领导。然而,有的地方对行政首长负责制的规定不具体,责任追究制度不明确,导致行政首长负责制尚未全部落实到位,难以发挥应有的作用。在部分县(市),虽然建立了行政首长负责制,但是缺乏具体的执行机制和责任追究制度,导致该制度在实际操作中难以得到有效实施。

因此,当前河道采砂管理体制存在的问题主要包括全国性立法缺失、法律支撑不足、部门职责不清、行政首长负责制落实不到位等。为了解决这些问题,需要进一步完善相关法律法规体系,明确部门职责分工,加强部门间的协作与配合,并严格落实行政首长负责制。此外,还需要加强对河道采砂活动的监管和执法力度,确保河道采砂活动的合法性和规范性。

4.2.2　采砂规划方面

(1)现状

河道采砂规划,作为河道管理与资源开发的基石,承载着确保河流生态系统健康、维护河势稳定、保障防洪安全、促进航运畅通、保障涉河工程安全等多重使命。河道采砂规划是一项集自然科学、社会科学、管理科学于一体的综合性规划,对于指导科学、有序、可持续的河道采砂活动具有不可估量的价值。

自 2008 年水利部颁布《河道采砂规划编制规程》以来,全国多数省份积极响应国家号召,针对各自辖区内的主要河道,系统开展了采砂规划的编制与适时修订工作。湖北、四川、贵州等省份,作为此项工作的先行者,不仅完成了省级层面的规划编制,还深入细化到市级、县级,形成了较为完善的规划体系。这些规划不仅科学界定了可采区的范围,明确了开采总量与开采方式,还配套建立了严密的监管机制,旨在确保规划的有效实施与河道资源的合理利用。

（2）问题

虽然河道采砂规划的编制工作在全国范围内取得了显著成效,但是在规划执行与落地的过程中,仍暴露出一系列亟待解决的问题。这些问题不仅影响了规划的实施效果,还对河道的生态环境与可持续发展构成了潜在威胁。

1）规划编制要求与主体的差异性

由于地理、经济、文化等因素的差异,不同省份在采砂规划的编制要求、编制主体和实施策略上呈现出显著的差异性。虽然部分省份已经建立了相对完善的规划体系,但是仍有部分地区存在规划缺失或规划层级过低的问题。此外,部分省份在规划编制过程中未能充分考虑行政区划的界限,导致省际边界地区的规划执行面临较大挑战。

2）规划内容与质量的参差不齐

部分河道采砂规划在内容编制上存在明显短板,如可采区采砂方案的可行性论证不够深入、环境影响评价不够全面等。这些问题不仅影响了规划的科学性与可操作性,还可能导致规划在实施过程中与其他相关规划或保护区产生冲突。此外,在规划编制过程中未能充分征求相关部门意见,也加大了规划执行的难度。

3）规划执行力的不足

在实际执行的过程中,部分规划未能得到有效落实,主要表现为实际可采量与规划确定的可采区控制开采总量不一致、采砂船控制数量和功率设置不合理、现场监管能力不足、省际边界可采区协调难度大等问题。这些问题不仅削弱了规划的权威性,还对河道的生态环境与可持续发展造成了不利影响。

4.2.3　采砂许可方面

（1）现状

河道采砂许可和监督管理的主要目的是保障安全和维护社会公共利益。《水法》规定,国家实行河道采砂许可制度,实施办法由国务院制定;违反有关河道采砂许可制度规定的行政处罚,由国务院规定。

河道采砂许可制度,作为保障河道安全、维护社会公共利益的重要法律手段,其有效实施对于规范河道采砂活动、防止无序开采和生态破坏具有至关重要的作用。《水法》明确规定国家实行河道采砂许可制度,并授权国务院制定实施办法及相应的行政处罚规定。从当前情况来看,各地在出台采砂管理制度的基础上,普遍实行了河道采砂许可制度,且多依据已批复的河道采砂规划和年度开采计划进行许可。一年一审一换证制度成为主流,确保了许可的时效性和管理的连续性。对于河湖长责任人责任落实不到位、采砂规划执行不到位、日常监管及堆砂场整治不到位的地区,采取严格的限制措施,不予新批河道采砂许可,体现了对河道管理的严谨态度。

在采砂许可证的有效期限方面,各地规定不一。有的地方明确规定了有效期限,如许可采砂期限不得超过 1 年或 1 个可采期;有的地方未设定具体期限,如湖南省。这种差异反映了各地根据实际情况的不同在河道采砂管理上的灵活性。河道采砂许可证的核发工作由各级水行政主管部门依据许可审批权限进行。长江委和各省级水行政主管部门负责统一印制许可证,并依据河湖采砂规划进行审批发放。例如,湖北省通过实行统一印制、分级管理的模式,严格依据规划进行许可。

近年来,随着生态保护要求的提高和砂石资源的枯竭,部分省份实施开采的河流逐步减少,河道采砂许可证的发放数量也相应大幅减少。这反映了河道采砂管理在生态保护背景下的新趋势。

在采砂许可方式上,各地进行了多样化的探索和实践。一种模式是通过招标、拍卖、挂牌等公平竞争的方式确定许可对象。这种模式能够确保采砂活动的公开、公平、公正,有效防止权力寻租和腐败现象的发生。重庆等地规定除法律法规规定的特殊情况外,必须采取招拍挂等方式进行许可。另一种模式是按照政企分开的原则,由政府出资组建企业实行统一开采、统一经营。这种模式能够实现对河道采砂活动的有效监管和控制,确保采砂活动的规范性和可持续性。部分省份在这一方面进行了积极探索和创新。通过出台相关政策和意见,在全省范围内推行了河道采砂管理"六项制度",实现了从无序滥采到有序开采、从审批发证到公开招投标、从多头管理到统一管理的转变。部分地区还试行河砂统采统销或采销分离模式,由通过招标等方式选定的国有公司进行采砂和销售,有效避免了违法采砂行为的发生。四川省南充市采取了类似的模式,由市政府组建的国有砂石经营公司进行统一经营和管理。

这些多样化的探索和实践为河道采砂许可制度的完善和发展提供了有益的参考和借鉴。然而,也需要注意到不同模式在不同地区的适用性和效果可能存在差异。因此,在推广和应用这些模式时,需要充分考虑当地的实际情况和生态环境要求,确保采砂活动的规范性和可持续性。

（2）问题

在河道采砂许可制度的执行过程中,虽然取得了显著成效,但是仍存在一系列亟待解决的问题。这些问题不仅影响了采砂许可制度的有效实施,还对河道生态环境和公共利益构成了潜在威胁。

1）管理部门权责不明晰,法规冲突导致许可模式多样化

河道采砂许可制度涉及多个管理部门,包括水行政主管部门、自然资源部门、海事部门等。各部门在管理职能上存在交叉,导致在采砂许可的办理过程中出现了责权不明晰的问题。特别是采砂许可证和采矿许可证的发放,均指向同一对象——河道砂石资源,这使得水行政主管部门和自然资源部门在工作中难以达成一致意见。此外,法规设置上的冲突也是导致采砂许可模式多样化的重要原因。不同的法律法规对河道采砂的监管要求存在差异,导致在实际管理工作中出现了多种许可模式,不仅增加了行政相对人的成本,还涉嫌重复收费,造成了管理体制上的混乱。随着管理体制的逐渐理顺,未来有望全面实施"一证一费"的许可模式,以简化程序、提高效率、降低成本。

2）采砂许可方式存在积弊,监管难度大

目前,全国范围内采砂许可主要有市场化竞争方式和政府主导方式两种方式。市场化竞争方式虽然体现了市场竞争原则,但是在实践中却难以避免采砂业主之间的恶性竞争,增加了采砂许可后偷采多采的风险。此外,采砂许可中标后的转手买卖现象也加剧了有效监管的难度。相比之下,政府主导方式在降低行政管理成本、控制砂石市场价格、维护采砂管理秩序、便利采砂过程监管等方面具有显著优势。然而,这种方式也可能导致行政干预过多、市场机制失灵等问题。因此,在选择采砂许可方式时,需要充分考虑当地的实际情况和生态环境要求,确保采砂活动的规范性和可持续性。

3）立法空白导致监管缺位,干扰采砂管理秩序

现行法律法规未对为实施吹填造地、吹填固基、整治河道、航道和涉水工程从事河道采砂的行为是否需要办理采砂许可作出明确规定。这一立法空白导致了这类活动采砂监管的缺位,使得个别企业、采砂业主以疏浚之名行采砂之实,严重干扰了采砂管理秩序。这不仅损害了公共利益,还对河道生态环境造成了潜在威胁。

为了解决这些问题,需要进一步完善相关法律法规和政策措施,明确各部门的责权和监管要求;加强部门间的协调与合作,形成合力;优化采砂许可方式的选择和应用;填补立法空白,加强对各类采砂活动的监管和执法力度。同时,还需要加强公众宣传和教育,提高社会对河道采砂管理的认识和支持,共同维护河道生态环境和公共利益。

4.2.4 监督管理方面

（1）现状

当前,我国采砂监督管理工作在多层级法律法规的支撑下,已构建起一套相对完善的管理体系。从国家到地方,各级砂石管理机构相继成立,如河道采砂管理局等,显著强化了砂石管理的组织架构。此外,横向部门间的联合执法机制也逐步建立,如水利部与交通运输部通过签署合作备忘录,加强了对长江河道非法采砂的联合打击和治理;省际边界联动机制也相继建立,形成了跨区域的执法合力。

在采砂船舶管理方面,各地以河湖长制工作为契机,狠抓责任落实,强化日常巡查和现场监管。部分省份对采砂船舶的管理较为规范,通过采取集中停靠、总量控制、采运管理单制度,以及推动"三无"非法采砂船舶没收和销毁等措施,有效提升了采砂船舶管理的规范化水平。此外,还通过安装河道采砂视频监控系统,实现了对采砂现场的远程动态监视和管理,进一步提高了监管效率。

在日常管理及整治工作方面,大部分省份都高度重视河道采砂的监管工作,并开展了专项整治行动,对非法采砂活动进行了严厉打击和控制。通过采取采砂公告牌制度、水利部门监督与采砂监理相结合的现场双重监管制度、河砂合法来源证明制度,以及建立河道采砂视频监控系统等措施,实现了对采砂活动的全方位、多层次监管。

综上所述,我国采砂监督管理工作在机构设置、联合执法、采砂船舶管理、日常管理及整治等方面均取得了显著成效。然而,部分地区在采砂船舶管理、日常监管等方面仍存在不足,需要进一步完善和优化。应继续加强法律法规建设,完善管理机制,强化联合执法和日常监管,推动采砂监督管理工作再上新台阶。

（2）问题

随着船舶建造行业市场化进程的加速,船舶的管理和控制逐渐聚焦于船舶证书的颁发、船舶名称与船籍港的审批,以及相关登记与监督工作。然而,在这一过程中,大量采砂船舶采取私自建造或改装的方式,形成了所谓的"三无"（无船名船号、无船舶证书、无船籍港）船舶。由于地方行政部门监管力度不足,这些"三无"船舶得以随意移动并从事非法采砂活动,且目前以小型采砂船非法开采为主。部分采砂船以进入河流湖泊进行合法采砂或进行船舶及机械设备维修为借口,擅自离开规定的停泊区域,在非指定水域实施非法采砂活动,如何监管这类问题已成为河道采砂管理的一大挑战。此外,非法砂场与码头,长期以来都是打击非法采砂工作的核心难题之一。虽然湖北省武汉市、江西省九江市、湖南省岳阳市等地政府已经加强了对砂场和码头的整治,并取得了一定成效,但是某些江段的非法采砂活动仍未得到有效遏制。非法砂场和黑码头作为非法采砂活动的主要转运点和集散中心,严重妨碍了河道采砂的规范化管理。

打击非法采砂工作面临着一系列复杂的问题,如河道岸线绵长、水面广阔、采砂船只数量庞大且流动性强、非法采砂作业方式简单、违法分子通信技术先进等因素,加之非法采砂活动中常伴有黑恶势力的介入,导致暴力对抗执法的情况时有发生。非法采砂通常在夜间进行,并在水下作业,交易方式多为现金支付,缺乏原始记录,给证据收集带来了极大的困难,进而影响到对违法者的行政处罚和刑事责任追究。

从河道采砂的执法能力和体系建设角度来看,普遍面临人力资源短缺、设备老化或缺乏、资金不足、设备配置标准缺失等多重挑战。具体表现在以下几个方面:①采砂管理团队的性质和编制未能得到明确落实,依赖临时聘用人员执行执法任务,与当前采砂管理面临的高风险、高难度、高标准要求之间存在明显不匹配;②由于缺乏稳定的财务支持机制,各级水行政主管部门,尤其是县级层面的采砂管理机构,其人员编制未能被纳入同级财政预算,形成了"管理即收费、收费即养人"的不良循环;③鉴于非法采砂行为的高度流动性,传统的监管模式难以实现对采砂活动的全面覆盖,现有执法装备水平参差不齐,在如何针对夜间采砂、非法采砂逃避追捕等方面缺乏有效的应对策略;④不同部门之间的协同执法机制尚未形成,综合执法的全面实施也处于起步阶段,使得在处理重大、复杂或涉及黑社会背景的案件时,协调管理的难度显著增加。

4.2.5　法律责任方面

(1)现状

采砂管理的法律责任包括行政法律责任和刑事法律责任。

1)行政法律责任

从现行法律框架来看,我国对于采砂管理的行政法律责任主要依据《水法》、《中华人民共和国防洪法》(以下简称《防洪法》)、《河道管理条例》、《长江河道采砂管理条例》等法规。虽然这些法规对未经批准擅自进行河道采砂的行为设定了相应的行政处罚,但是在具体执行上仍存在诸多局限性。

《水法》与《防洪法》:这两部法律并未直接针对未经批准擅自采砂的行为设定具体的处罚条款。

《河道管理条例》:该条例第四十四条第(四)项明确规定,对于未经批准或不按河道主管机关规定在河道管理范围内进行采砂等活动的行为,可采取责令改正、警告、罚款、没收非法所得等措施,但是未明确罚款的具体数额。

《长江河道采砂管理条例》：该条例对非法采砂行为设定了更为详细的行政处罚措施，包括罚款、没收非法所得、采砂工具、吊销采砂许可证等。此外，还设有对非法采砂船舶的扣押等行政强制措施。

然而，由于各省份在制定地方性法规和规章时受到上位法的限制，在多数情况下只能对非法采砂行为施以罚款和没收违法所得等较为有限的财产性处罚。例如，《四川省河道采砂管理条例》《重庆市河道管理条例》等地方性法规，虽然设定了不同额度的罚款标准，但是普遍缺乏对非法采砂行为的强大威慑力。

从实际执行情况来看，罚款是水行政主管部门最常用的处罚手段，而没收非法所得、拆除非法采砂机具等措施的实施频率相对较低。值得注意的是，对于非法采砂船舶的没收措施，虽然《长江河道采砂管理条例》有所规定，但是在实践中较少被执行。这种现象可能与执法资源有限、执行难度较大等因素有关。

2）刑事法律责任

近年来，随着最高人民法院、最高人民检察院《关于办理非法采矿、破坏性采矿刑事案件适用法律若干问题的解释》的颁布实施，各地开始加大对非法采砂行为的刑事打击力度。该解释明确了非法采砂行为构成犯罪的标准，为司法机关处理此类案件提供了法律依据。各省份也陆续出台了配套的行刑衔接文件，旨在加强行政执法与刑事司法之间的协作。

例如，四川省专门设立省非法采砂危害防洪安全鉴定委员会，负责非法采砂砂石价值认定和非法采砂危害防洪安全鉴定，推动河道非法采砂入刑。2015—2017年累计组织5000余人次开展执法巡护检查，出动车船1000余辆（艘）次，累计起诉非法采砂案件12起，行政立案64起。

据统计，自2016年12月1日两高司法解释生效以来，长江流域非法采砂入刑案件数量逐年上升。截至2018年底，共处理非法采砂入刑案件超过400起，其中不乏重大案件。

综上所述，虽然我国在采砂管理的法律责任设定上已初步建立起一套涵盖行政处罚和刑事处罚的法律体系，但是在实际操作中仍面临执行力度不足、威慑效果有限等问题，还需要进一步完善相关法律法规，加强执法力度，提高违法成本，以更好地维护河道生态环境和公共利益。

（2）问题

由于河砂存在巨大的市场需求，因此非法采砂利润高、违法成本低，且行政执法和刑事处罚手段有限，监管仍然存在一定法律问题。

1）行政法律责任方面

一是现行法律规定中对非法采砂的行政处罚额度太低，不足以对非法采砂业主形成震慑。《长江河道采砂管理条例》规定的罚款额度为 10 万～30 万元,而其他省份的地方性法规和规章受立法权限制,处罚额度一般也没有突破 30 万元的上限。

二是存在立法空白。①根据国务院法制办国法函〔2002〕238 号文对《长江河道采砂管理条例》第十八条的适用的解释,"对没收的非法采砂船舶,应当予以拍卖;难以拍卖或者拍卖不掉的,可以就地拆卸、销毁"。这就明确了对没收的非法采砂船舶的处置问题,但是对于没收的采砂机具该如何处置等,法条却没有明确。②法条对采砂业主规定了明确的法律责任,但是对与采砂业主合谋参与采砂活动的采砂组织者、船主、工作人员等共同作案人的处理,却没有规定。非法采砂现场被抓获的采砂人员大多是打工者,真正的组织者往往很难抓到,即便对这些打工者进行处罚,但是因很难确定他们在组织中的分工,也很难做到过罚相当。③采砂船舶(机具)是采砂活动的重要设备,长江沿线各地采(运)砂船舶数量较多,尤其是"三无"船、改造采砂船、非法运砂船的监管缺少法律支撑。采砂船舶(机具)集中停放缺乏统一规划,保障制度不健全,无法真正从源头上管住非法采砂势头。目前,对"三无"船舶没收、切割销毁的法律依据也不够充分,"三无"船舶的有效管理带来一定困难。④运砂环节缺少监管。目前运砂形式多样且不断变化,如在合法采区超量装载、在非法采区购买、在砂场收购等。从主观性上看,这些行为与非法采砂行为不尽相同,从客观过程上看,这些行为是非法采砂行为中必不可少的重要环节。运砂环节的监管不力,给采砂管理带来了隐患。⑤工程性采砂程序需要进一步规范。目前,利用港池、码头、航道、取水口、涵闸等疏浚的名义,进行非法采砂的行为时有发生,严重扰乱了河道采砂管理秩序,在法律上需要进一步规范。

三是某些条文可操作性不强,需要修订完善。例如,《河道管理条例》规定,对于非法采砂行为,除责令其纠正违法行为、采取补救措施外,可以并处警告、罚款、没收非法所得的处罚,但是却没有规定罚款额度,显然不具有可操作性,应及时予以修订。

2)刑事法律责任方面

两高司法解释的颁布实施,明确将"非法采砂"以"非法采矿罪"定罪,为打击非法采砂犯罪行为提供了法律支撑,但是在实践中,法律制度的不衔接会使法律的执行面临一些执法障碍。

一是非法采砂入刑的标准和情节严重的标准不一导致案件审理可能存在不公现象。例如,关于非法采砂入刑的标准和情节严重的标准,《最高人民法院 最高人民检察院 关于办理非法采矿、破坏性采矿刑事案件适用法律若干问题的解释》授权各省高级人民法院和检察院可以根据实际情况,确定各地区入刑标准、情节严重标准,但是各地经济发展水平不同,划定标准不同,可能导致同样的案件情节会因法律适用不同而处罚结果不同。

二是关于共同犯罪的认定不清致使法律责任不同。采砂船与运砂船之间、采砂业主与雇佣人员之间共同犯罪的法律责任如何界定是司法界的一大难题。

三是涉案砂石价值的认定是量刑轻重的关键因素。目前,涉案砂石的价值认定,有采取"出水价"的,有采取"上岸价"的,有采取市场价格的。即便是统一采取市场价格,对于在相邻水域或交界水域非法采砂的,也会因地域不同而出现不同结论,影响案件的公平性审理。

4.3　典型案例

(1)重庆市加强河道采砂管理,守护长江流域国家级水产种质资源保护区

1)基本案情

2022年2月17日,被告人雷某、李某、李某某、颜某为获取非法利益,盗采嘉陵江重庆市合川区钱塘镇米口村颜家河坝河段的连砂石并进行销售。由雷某负责出资、联系买家、确定销售价格、收取货款等,李某负责联系挖机、转运车辆及现场调度、费用结算等,李某某、颜某负责协调当地村社关系,并明确4名被告人按相应标准、比例分配售卖砂石所得。同年2月18日,被告人李某联系挖机在上述嘉陵江岸边,以旱采的方式盗采连砂石,并联系车辆将连砂石转运至堆场堆放。之后,被告人雷某、李某某联系他人,以36～37元/t的价格向他人销售连砂石。截至同年3月7日,被告人雷某收取货款49万元,被告人李某收取货款8.4万元,被告人李某某、颜某分别从雷某处收取费用1.947万元、2.229万元。经认定,案涉采矿区域属于嘉陵江合川段国家级水产种质资源保护区(合川大口鲶县级自然保护区)的核心区。经专家对非法采矿导致的生态环境损失进行评估,认定遭受破坏区域沿岸分布长度约400m,有5个深度达2m的水凼,水凼向河道中心伸展最远处约30m,总面积达1万m²,完成生态修复的费用共计3.82万元,其中在形成的水凼添置2个矩阵72块人工鱼礁需要8200元、异地布设1000m²人工鱼巢需要2万元,以及修复效果跟踪监测评估费用1万元。为此,重庆市合川区人民检察院指控雷某等犯非法采矿罪,并提起附带民事公益诉讼,请求判决雷某、李某、李某某、颜某共同赔偿生态环境修复费用3.82万元,并在重庆市级媒体上公开赔礼道歉。

2)裁判结果

重庆市渝北区人民法院经审理认为,被告人雷某、李某、李某某、颜某违反《中华人民共和国矿产资源法》(以下简称《矿产资源法》)的规定,未办理河道采砂许可证,擅自在嘉陵江合川段国家级水产种质资源保护区(合川大口鲶县级自然保护区)的核心区内开采砂石,非法开采矿产品的价值高达56.6622万元,情节特别严重,应当以

非法采矿罪追究其刑事责任。据此,重庆市渝北区人民法院以非法采矿罪判处雷某等 4 名被告人有期徒刑三年两个月至一年八个月不等,并处罚金 2.5 万~6 万元不等,追缴违法所得,并赔偿生态环境修复费用。一审宣判后,被告人提起上诉。二审经审理,裁定驳回上诉,维持原判,案件已发生效力。

3)典型意义

本案例系一起在嘉陵江国家级水产种质资源保护区核心区内盗采河砂的刑事案件。长江流域的河砂资源不仅具有经济价值,也具备重要的生态价值,特别是在国家级水产种质资源保护区核心区内,河砂资源的生境功能尤为显著。人民法院严厉打击盗采河砂犯罪行为,对于切实守护长江经济带高质量发展具有重要意义。在本案中,人民法院以零容忍的态度,坚决打击、制止在国家级水产种质资源保护区核心区内盗采河砂的犯罪行为,判处主要犯罪行为人三年以上有期徒刑,并处高额罚金,对违法所得全额追缴,并判决涉案人员承担该受损区域的生态修复费用和其他民事责任。该案的审理,充分体现了人民法院全力守护长江流域国家级水产种质资源保护区的决心,对社会公众具有重要的警示意义。

(2)重庆市严厉查处"以清淤为名,行长江非法采砂之实"案件

1)基本案情

2017 年 3 月,杜某、何某、张某共同商议利用长江航道码头清淤工程抽采河砂贩卖牟利,以充抵何某在杜某处的借款 300 万元。2017 年 7 月,长江重庆航道局向航源公司下发任务书,令其择机完成木洞航道基地的清淤作业,并向其下发《关于木洞水道木洞镇航道码头水域清淤作业有关航道通航条件技术问题的意见》,明确清淤作业时间以海事部门正式颁发的水上施工许可证为准,清淤弃土弃渣的处置须符合国家法律法规规定。2017 年 8 月,何某通过私人关系从航源公司获取了清淤作业任务书等资料,并安排杜某等人进行前期筹备工作。9 月上旬,杜某、张某达成"采 1t 河砂抽 12 元提成"的协议,确定由"世丰 5 号"吸砂船负责木洞江北航道处航道基地的清淤采砂。9 月中旬至 10 月 8 日,张某在明知清淤手续不齐全、清淤性采砂作业尚不合法的情况下,为获取高额利润,擅自使用"世丰 5 号"吸砂船在重庆市巴南区木洞镇洗布石长江水域非法采砂共计 5500 余吨并贩卖给多艘运砂船,销售金额共计 215800 元,其中被告人何某、杜某共同获取 128300 元,被告人张某获取 87500 元。

2)裁判结果

在庭审中,公诉机关指控被告人何某、杜某、张某为牟利,以清淤为名,在未获得相关行政许可的情况下,违反《矿产资源法》的规定,擅自采矿,销售金额为 215800 元,情节严重。公诉机关就上述指控当庭提供了被告人供述、证人证言、物证照片、扣押笔录等证据,认为构成非法采矿罪。针对公诉机关指控的事实和罪名,被告人何某、杜

某、张某均无异议。被告人何某、杜某自动投案并如实供述自己的罪行,主动退出违法所得,在庭审过程中分别自愿交纳生态修复金 60000 元、50000 元,并各自预缴罚金 20000 元。被告人张某归案后如实供述自己的罪行。3 名被告的辩护人认为码头清淤不需要行政许可,本案行为涉及手续不完善,应倾向于一般行政责任。

江津区法院经审理认为,清淤性采砂活动虽然不需要像一般采砂活动一样按照既定程序办理采砂许可证,但是仍然应该依法受航道部门、水利部门等与砂石资源管理相关的行政主管部门的监督管理,需要办理完整的审批手续。被告人主观上明知清淤之前需要办理相关手续,在未取得许可、清淤行为尚未取得批准的情况下,为了一己之私擅自开采砂石资源并出售,构成非法采矿罪。综合被告人的犯罪事实、情节、危害后果和认罪、悔罪态度,江津区人民法院遂作出以下判决:以非法采矿罪判处被告人何某有期徒刑六个月,缓刑一年,并处罚金人民币 20000 元(已预缴);以非法采矿罪判处被告人杜某有期徒刑六个月,缓刑一年,并处罚金人民币 20000 元(已预缴);以非法采矿罪判处被告人张某判处拘役三个月,并处罚金人民币 10000 元;将被告人何某、杜某的违法所得 128300 元予以追缴(已追缴),上缴国库;将扣押的 504.92t 河砂销售价款 30295.20 元予以追缴(已追缴),上缴国库;将被告人张某的违法所得 87500 元予以追缴,上缴国库。

3)典型意义

该案例向公众和潜在违法者发出了明确的信号,即任何形式的非法采砂行为都将受到法律的严厉制裁。公开宣判此类案件,可以起到警示作用,预防类似违法行为的发生。非法采砂不仅破坏了自然景观,还严重影响了河流的生态系统,包括水文条件、水质,以及水生生物的生存环境。严惩非法采砂行为,有助于增强社会公众对环境保护的认识和支持,促进社会各界共同参与生态保护活动。案件的处理表明政府相关部门对于长江流域的管理和监督正在不断加强和完善。对非法采砂行为的有效打击,可以促使相关监管部门进一步优化管理措施,建立健全长效机制,确保长江生态环境得到有效保护。非法采砂活动往往以牺牲公共利益为代价换取个人或小团体的利益。通过司法手段严厉惩处此类行为,能够有效保护国家和社会的公共利益不受侵犯,维护良好的社会秩序。依法打击非法采砂行为,不仅体现了我国法治社会建设的要求,也展示了政府在推进生态文明建设和实现可持续发展方面的决心,有助于构建更加公正、公平的社会环境。

(3)云南省保山市"3·27"龙川江河道非法采砂联合整治行动

2022 年 3 月 27 日,保山市公安局开展河湖警长巡查工作,发现龙川江有河道非法采砂违法行为,立即组织进行核查。经查,在龙川江腾冲市团田乡段发现非法采砂点 8 个。保山市公安局高度重视,联合腾冲市公安局、腾冲市水务局和团田乡人民政府等单位部门于 3 月 29—30 日对该 8 个采砂点位进行现场调查,最终由腾冲市水务局对有关责任人作出责令限期拆除采砂设备设施、清理采砂场地、恢复河道原状、依法取缔的行政处理。同时,保山市河长办充分研判河砂资源保护现状,于 2022 年 4 月 14 日下发《关于加强河道采砂排查整治工作的通知》,部署各县(市、区)举一反三开展河道非法采砂排查整治工作,坚决全面彻底肃清河道非法采砂问题。

保山市公安局把推行"河(湖)长＋警长"协作机制作为抓实生态环境执法的有力抓手,把警力摆在河湖第一线,构建"巡河发现问题—督促整改问题—建立长效机制—加强协同共治"闭环工作体系,形成标本兼治的河湖管理保护治理工作模式,使"河(湖)长＋警长"协作机制成为促进山河秀美、推动生态文明的新动力。

本案例以河湖长、警长巡查发现问题、核查问题、整治问题为契机,及时督促推动全市举一反三排查整治,以点带面完成从个别到普遍的效能转化,促进"一河之治"向"全市之治"转变,为推动生态环境保护执法和美丽河湖建设探索出一条行之有效的道路。整改前后对比见图 4.3-1。

图 4.3-1　整改前后对比

(4)西藏自治区非法采砂刑事案例

1)基本案情

2017 年末至 2020 年,罗某在未取得采砂许可证的情况下,私自在某河道采挖砂石对外出售,从中获取非法利益超过 43 万元。

2）裁判结果

法院认为，被告人罗某为了牟取非法利益，违反《矿产资源法》的规定，在未取得采矿许可证的情况下，私自开采属于国家所有的砂石资源，情节严重，其行为构成非法采矿罪，判处有期徒刑一年，缓刑二年，并处罚金 6 万元。

3）典型意义

河道砂石是属于国家所有的矿产资源，是保持水生态、水环境稳定良好的重要物质要素。本案被告人为牟取非法利益，在未取得采矿许可证的情况下擅自长期在河道采砂，破坏河道和生态环境，引起当地群众强烈不满。通过本案审理，人民法院对非法采砂者予以刑事惩罚，有效回应群众对生态环境权益的关切，告诫全社会，绿水青山是我们的共同家园，不是个别人谋取私利的"金山银山"。

4.4 小结与分析

长江上游河道采砂管理存在多头管理、权责不清、采砂规划编制和执行不力、采砂许可制度不完善、采砂监督管理不到位等问题。采砂管理体制分为水行政主管部门统一管理、多部门协同管理、其他部门主管 3 种模式，但是普遍面临部门职责不清、协调成本高、管理效能低的挑战。采砂规划编制要求和内容参差不齐，在执行过程中存在可采量与规划不符、采砂船控制不合理、现场监管能力不足等问题。在采砂许可制度方面，采砂许可证与采矿许可证存在职能交叉，导致管理体制混乱。在采砂许可方式方面，市场化竞争方式易引发恶性竞争，政府主导方式则有助于降低成本和维护秩序。在采砂监督管理方面，虽然建立了联合执法机制，但是仍存在"三无"船舶偷采、非法砂场码头治理不力、夜间采砂证据收集难、执法装备不足等问题。

长江上游河道采砂管理的法律责任包括行政法律责任和刑事法律责任。在行政法律责任方面，现行法律规定对非法采砂的行政处罚额度较低，难以形成有效震慑，且存在立法空白，如对没收的采砂机具和"三无"船舶的处置缺乏明确规定，运砂环节和工程性采砂程序的监管不足，某些条文可操作性不强。在刑事法律责任方面，虽然最高人民法院、最高人民检察院的司法解释为打击非法采砂提供了法律支撑，但是入刑标准和情节严重的标准不一，共同犯罪的认定不清，涉案砂石价值的认定标准不统一，导致案件审理可能出现不公现象。这些问题使得非法采砂的违法成本低，难以有效遏制非法采砂行为，严重影响了河道采砂的科学管理和可持续发展。

第 5 章　　长江上游河道采砂管理关键要素分析

从功能属性划分,河砂既具有满足经济效益的经济属性,又有保障水体生态安全的生态属性,同时又是有高竞争性的公共资源,具有公共物品属性。传统采砂管理方式主要是从经济属性出发,对于其生态属性、公共物品属性重视不够。河砂首先是河床的组成部分,关系河势稳定、河道安全、生态安全,河砂开采必须着眼于河道安全,确保河道功能永续利用。随着水库、水电站的建设,河流来沙量持续减少,航道疏浚、河湖(库)清淤等多种利用方式的增加,加之机制砂产量占比越来越大,传统的河砂开采、管理模式已不适应新形势要求,现从政策层面、管理层面、技术层面 3 个层面梳理当前河道采砂管理中的系统性关键要素。

5.1　政策层面

5.1.1　制定完善采砂管理法规

长期以来,非法采砂、乱采滥挖行为在全国范围内屡禁不绝,严重妨碍了水上通航安全,严重影响了河势稳定,给防洪安全、生态安全带来了潜在隐患,对人民群众的生命财产安全构成了威胁,并产生了不良的社会影响。造成这些问题的一个重要原因在于目前全国范围内尚未出台专门的采砂管理法规。现行的《水法》《矿产资源法》《河道管理条例》等法律法规虽然涉及河道采砂管理,但是相关规定不全面、不具体,缺乏可操作性,法律制度之间也不够协调,导致在实际执行中存在诸多困难。

自 2002 年《长江河道采砂管理条例》施行以来,长江干流河道采砂管理在总体上呈现出可控、稳定向好的局面。该条例为长江流域的采砂管理提供了较为明确的法律依据,有效地遏制了非法采砂行为。在此基础上,西藏、四川、重庆、湖北均出台了省级河道采砂管理条例,甘肃、江苏、辽宁等地也将"采砂管理"作为专章写入省级河道管理条例。此外,北京、河北、黑龙江、安徽、福建等省(直辖市)也出台了河道采砂管理的政府办法和规章。这些地方性法规和规章在规范河道采砂秩序、维护河湖安全健康方面发挥了重要作用。然而,虽然这些地方性法规和规章在一定程度上改善了采砂管理状况,但是在实际操作中仍面临许多挑战。由于缺乏全国性的上位法支撑,各地在采砂管理实践中存在法律依据不足、管理标准不统一、执法力度不均等问题,致使采砂管理工作面临诸多困难。例如,不同地区的采砂管理法规在处罚力度、监管措施、法律责任等方面存在显著差异,既影响了法律的统一性和权威性,又增加了跨区域协调管理的难度。

因此,迫切需要尽快出台全国性的《河道采砂管理条例》,为河道采砂管理提供强有力的法律依据,应将目前各地在河道采砂管理中积累的行之有效的经验和方法上升到法律层面,提高法律法规的可操作性,确保全国的河道采砂管理能够统一纳入依法管理的轨道,实现法制统一。

5.1.2 明确河砂开采权属问题

河砂所有权制度是规定河砂归谁所有、由谁负责的法律制度。关于由何种部门负责采砂管理存在争论,主要原因在于河砂既属于河道的组成部分,又属于矿产资源。当前主要分为以下 3 种策略。

第一种策略为自然资源部和水利部共同负责。基于法律法规分析,采砂管理可以分为利用管理和影响管理,前者由自然资源部负责,后者由水利部负责。通过借鉴国外的采砂管理模式,采砂活动应同时遵循《矿产资源法》和《水法》的规定,因此应由自然资源部和水利部共同负责采砂管理。这种策略的优势在于能够充分发挥两个部门的专业优势,确保采砂活动的科学性和合理性。

第二种策略为水利部独立负责。通过学习"长江模式"的成功经验,发现"水利一家主管、相关部门配合"的管理模式既符合实际又有利于理顺采砂管理体制。从资源属性的角度来看,河砂首先是河床的组成部分,其次是可开采利用的资源,因此水利部理应优先于自然资源部担当责任主体。通过对比水利部和其他部门在采砂管理上的作用,水利部在便利性、效率性、公众利益等方面具备明显优势。具体表现为:①便利性。水利部对河道的管理更为熟悉,能够更有效地监控和管理采砂活动。②效率性。水利部在河道管理方面的经验和资源积累,能够提高采砂管理的效率。③公众利益。水利部在防洪、供水、生态等方面的职责,使其在维护公众利益方面更具优势。

第三种策略为自然资源部负责采砂管理。自然资源部的职责是对矿产资源进行规划、管理、保护和合理利用。河砂作为矿产资源范围内的非金属矿产,自然资源部理应拥有对其的监督管理权限和法定监督管理职责,是唯一有权对河道采砂权进行处置的法定主体。《中华人民共和国矿产资源法实施细则》所附"矿产资源分类细目"将天然石英砂(包括玻璃用砂、铸型用砂、建筑用砂、水泥配料用砂、水泥标准砂、砖瓦用砂)列为矿产资源。《矿产资源法》第三条规定"开采矿产资源,必须依法申请取得采矿权"。根据《矿产资源法》及其配套法规的有关规定,矿产资源的勘查和开采的监督管理、行政处罚等工作,由国土资源主管部门负责。

然而,河道采砂不仅仅是开采河砂等矿产资源,还会对河道管理、防洪安全、航道管理等产生影响。根据《水法》《防洪法》《河道管理条例》等相关法律规定,河道、航道的监督管理应由河道主管部门和航道主管部门负责。因此,不同上位法律在适用性上存在一定的矛盾。在各省份的地级市人民政府颁布的河道采砂管理相关法规、规章中,通常由水行政主管部门牵头负责有关采砂管理的制度设计,其他部门配合开展或实行不同程度的共同监管,基本形成了相关责任体系。然而,大部分地区对有关部门的具体分工不明确。尤其是近几年国务院、部委关于河道采砂管理工作的文件的印发,部分地方实行标准不一,出现了水行政主管部门和自然资源部门对于河道内砂资源的权属之争。因此,明确河砂所有权是开展河砂管理的前提。

采砂管理涉及水利、自然资源、交通运输、公安等多个行政管理部门,部门之间职责分工不够清晰,责权利关系不一致,在实践中存在多头管理和推诿扯皮现象,存在管理体制不顺等问题。党的十八届三中全会决定要求深化行政执法体制改革,整合执法主体,相对集中执法权,推进综合执法,着力解决职权交叉、多头执法问题。为了建立良好的河道采砂管理秩序,必须理顺河道采砂管理中水行政主管部门、流域管理机构与其他有关部门,以及流域管理机构与地方水行政主管部门的关系。建议明确河道采砂管理体制,明确各级政府和有关部门的职责和权力,实现权责统一,提高办事效率。按照一项行政事务一家负责的原则,实行一家管理,一个许可证,征收一项行政费用,充分发挥好中央、地方和流域管理机构的作用。建立健全跨部门、跨区域的联合执法机制,形成合力,严厉打击非法采砂行为。出台全国性的《河道采砂管理条例》,为河道采砂管理提供强有力的法律依据,提高法律法规的可操作性,确保全国的河道采砂管理能够统一纳入依法管理的轨道。

实施上述措施可以有效解决当前采砂管理中存在的问题,推动全国河道采砂管理向法治化、规范化的方向发展,为维护河湖安全健康、保障人民群众生命财产安全提供坚实的法律保障。

5.1.3　明确许可方式和收益使用

采砂许可是河砂所有权行使主体代表赋予相对人使用权的行政行为,是采砂的基本前提。采砂许可方式主要包括拍卖、招投标和直接许可。在选择许可方式时,管理者应坚持公益性效益优先、减少功利追求、统筹考虑实际状况,并以公开、公平、公正和综合指标优胜的原则对待许可申请。对于可盈利的采砂活动,有必要引入市场机制,尊重经济规律并减少人为影响。在许可方式的选择上,拍卖方式有利于公平竞争、防止腐败和淘汰过剩采砂能力,可以确保资源的高效利用和透明管理。招投标方式同样有助于公平竞争,通过综合评审,选择最优的采砂方案和采砂企业,确保采砂活动的科学性和合理性。在特定情况下,如紧急抢险、公益项目等,可以直接授予采砂许可,即直接许可方式,但是需要严格的审查和监管,确保不滥用权力。

为了科学有效地选择采砂许可方式,一方面需要理解许可的特性,明确采砂许可的标准;另一方面需要针对具体采砂许可活动选择合适的许可方式。当前,河道采砂许可方式尚未有全国性的法律规定,各省份或流域层面的政策法规主要参照《国土资源部关于印发〈矿业权交易规则〉的通知》(国土资规〔2017〕7 号)中"以招标、拍卖、挂牌、探矿权转采矿权、协议等方式依法向采矿权申请人授予采矿权的行为"的规定执行。

砂石开采权出让费的征收是一种资源补偿费用,用于平衡各地资源消耗。以江西省为例,江西省大部分河道砂石开采已通过国有公司统一经营模式取得,没有以招标、拍卖的公平竞争方式进行,但是关于砂石开采权出让费的征收要求并不统一。例如,九江市的砂石资源由江西赣鄱实业有限公司统一经营后,取消了开采权出让费征收要求。抚州市砂石资源由江西省赣抚建材资源开发有限公司统一经营,市、县财政原则上先比照当地江西省赣抚建材资源开发有限公司每方砂石开采经营利润的80%,确定砂石开采权出让费单方征收标准,再按其实际开采量据实征收。赣州市市、县管河道的河道砂石开采权出让费由各县(市、区)征收缴纳入当地财政。南昌市砂石资源开采由南昌赣昌砂石公司统一经营,自 2017 年 7 月 1 日起征收河道砂石开采权出让费,上缴至市级财政专户,并按分成比例返还相关县(区)。

各地砂石开采权出让费的标准不一,导致部分地区河道采砂管理的经费不足,管理能力下降。因此,无论河道砂石开采权是通过招标等公平竞争的方式取得,还是政府授权国有公司统一经营,都需要明确统一的征收标准。砂石开采权出让费的征收是作为一种资源补偿费用,用于平衡各地资源消耗。征收这种出让费凭借的是资源财产所有权,而不是政治权力(资源税)。因此,国家作为砂石资源的所有权主体,将砂石开采权出让给任何主体都可以征收出让权费用。同时,在明确砂石开采出让费征收标准和依据时,还必须保障开采权出让费能够单独列支,将该项费用运用于河道采砂管理和执法保障建设,确保取之于砂用之于砂。

5.1.4 明确砂石资源管理方式

获得采砂许可后,采砂者便可在约定条件下采砂,并进行采砂交易。采砂交易的目的是利用市场机制,实现河砂开采的有效配置。目前,在实践中出现了两种主要的交易方式:采砂权交易和采砂作业交易。采砂权交易:将河砂开采作业和砂石销售作为一个整体,通过拍卖或招投标方式出让给竞标人。这种方式的优点是可以充分利用市场竞争机制,提高资源利用效率。然而,在实践中常常因信息不对称而出现河砂"天价"现象,导致资源分配不合理。采砂作业交易:实行采售分离的交易方式,即采砂企业和砂石销售企业分开运营。这种方式有助于控制采砂总量,保障采砂管理有序,减少采砂企业与管理者之间的博弈,有效遏制超采滥挖现象。研究表明,采砂作业交易可以压制采砂作业承包人超采河砂的动机,但是并不意味着采砂权交易方式没有存在的必要。两种交易方式在实践中均有应用,未来的研究方向之一是探索两者的适用范围以及是否有必要结合具体采砂交易活动创新交易方式。

为有效解决传统河道采砂管理模式存在的突出问题,破解"小散乱"监管难题,越来越多的地区探索推行河道砂石统一开采管理模式。目前,全国约有 20 个省份结合具体实际探索推行河道砂石统一开采管理模式。以下是一些典型地区的实践案例。

长江流域较早探索统一开采管理,积累了丰富的经验。例如,《湖北省河道采砂管理条例》指出"县级以上人民政府可以决定对本行政区域内的河道砂石资源按照政企分开的原则依法实行统一经营"。黄冈市印发《关于加强全市黄砂生产经营运输管理的意见》,创新提出"六统一联,三权分离"管理模式,成功打造出政企分离、规划落实、市场规范的河砂统一开采管理新模式。此外,四川省明确"由地方确定平台公司统一开采、出售本区域河砂;区域内以河流为单位,逐个明确采砂限额,采取招投标、挂牌交易和拍卖等形式出让采砂权"。南充市探索统一开采主体、规范采砂秩序、强化岸线管护、细化监管措施的统一开采管理模式,取得了显著的社会效益、生态效益和经济效益。

在当前河道砂石管理要求更加高效、更加精细、更加绿色的背景下,河道砂石统一开采管理能有效规范市场秩序,推进绿色生产,破解监管难题,控制廉政风险。水利部于 2019 年 2 月印发《水利部关于河道采砂管理工作的指导意见》(水河湖〔2019〕58 号),明确"积极探索推行统一开采经营等方式"。国家发展和改革委员会等 15 个部门于 2020 年 3 月联合印发《关于促进砂石行业健康有序发展的指导意见》(发改价格〔2020〕473 号),明确"鼓励和支持河砂统一开采管理,推进集约化、规模化开采"。国务院于 2021 年 5 月印发《国务院关于深化"证照分离"改革进一步激发市场主体发展活力的通知》(国发〔2021〕7 号),在河道采砂许可改革措施中,明确"鼓励和支持河砂统一开采管理"。

推行河道砂石统一开采管理模式是激发砂石市场主体活力、促进砂石行业健康有序发展的重要举措。河道整治、航道疏浚、水库清淤等产生的砂石均可以按照此模式统一管理,符合科学的宏观调控、有效的政府治理要求,是发挥社会主义市场经济体制优势的内在要求。

5.1.5 明确非法采砂行为处罚标准

针对非法采砂这一严重破坏水资源与生态环境的违法行为,当前的主要应对策略侧重于行政处罚层面。其中,《长江保护法》第九十一条明确规定了长江流域非法采砂的处罚措施。该条款指出:"若违反本法规定,在长江流域未经许可擅自采砂,或在禁止采砂区域及禁止采砂期间从事采砂活动,将由国务院水行政主管部门或其流域管理机构,以及县级以上地方人民政府水行政主管部门,责令立即停止违法行为,并没收其违法所得及用于违法活动的船舶、设备与工具。同时,依据违法所得的货值金额,处以二倍以上二十倍以下的罚款;若货值金额不足十万元,则处以二十万元以上二百万元以下的罚款;对于已取得河道采砂许可证但违规操作的,将吊销其许可证。"此外,2023年修订的《长江河道采砂管理条例》第十九条和第二十条进一步强化了法律责任,明确规定了对违法行为的严厉处罚,包括没收违法砂石、违法所得、作业设备,并处以高额罚款,直至追究刑事责任。

然而,行政处罚虽然属行政执法范畴,但是面临着管理交叉、成本高昂、执法力度不足、办案不规范等局限性。尤其是在长江河道采砂管理执法中,由于其时间、空间、行为主体的特殊性,加之暴力抗法的潜在风险显著,单纯依赖行政处罚难以有效遏制非法采砂的蔓延趋势,因此学术界与实践界普遍呼吁,应引入刑事司法手段,以形成更为强大的法律震慑力。

在推动非法采砂行为刑事化方面,需要采取整体性和综合性的视角,精确界定犯罪形态,确保定罪量刑严格符合犯罪构成要件,并明确共同犯罪中各行为人的责任划分。关于非法采砂行为的刑事定性,一种观点主张,鉴于河砂属于矿产资源,可依据非法采矿罪进行惩处。但是有学者对此质疑,通过对比分析非法采砂与非法采矿罪的构成要件,指出前者在犯罪主客体及主客观方面均存在适用性难题,且两者间的界限模糊,易导致执法裁量权的滥用。为此,部分学者建议单独设立非法采砂罪,以明确法律适用标准。值得注意的是,无论选择非法采矿罪还是增设非法采砂罪,均需要保持与行政执法的有效衔接。非法采砂行为的内涵与外延需要依据行政法律规范予以界定,行政违法评价是刑事违法评价的逻辑前提与基础框架。

2016年12月1日实施的《最高人民法院、最高人民检察院关于办理非法采矿、破坏性采矿刑事案件适用法律若干问题的解释》,为非法采砂刑事案件的办理提供了法律依据,有力保障了河湖防洪安全。为适应经济社会发展需求,实现预防、教育与惩戒并举,应在借鉴《长江河道采砂管理条例》实施经验的基础上,构建更为严格的法律责任体系。具体而言,一是完善责任主体,将国家机关及其工作人员的法律责任置于法律责任章节之首,明确主管人员与直接责任人的个人责任,严惩行政不作为与乱作为;二是多元化责任形式,涵盖行政处分、行政法律责任、刑事法律责任;三是丰富追责手段,如罚款、没收违法所得及财物,以及强制拆卸销毁、强制停放、责令卸载与拍卖等措施,同时依据《中华人民共和国行政强制法》与《中华人民共和国物权法》,对扣押、没收、拍卖等行为进行规范化管理;四是大幅提高处罚力度,在《长江河道采砂管理条例》的基础上提升罚款上下限,针对无证采砂、违规采砂、非法转让许可证、非法交易及运砂等行为,采取违法所得倍数处罚,以高昂的违法成本遏制违法行为。

从国内外执法与司法实践来看,设定高额违法成本并辅以严格公正的执法,能够有效促进公众守法意识的形成。反之,若对违法行为处罚过轻,则可能变相鼓励违法。针对非法采砂违法成本低的问题,我国亟须在《刑法》中增设非法采砂罪,从维护河势稳定、防洪安全、堤防安全、灌溉安全、航运安全、水生态安全的高度,对非法采砂行为进行严格规范与制裁,以区别于现行《刑法》第三百四十三条规定的非法采矿罪。河道湖泊作为生态环境的关键组成部分,对于维护生态安全具有不可替代的作用,良好的水资源与水环境是生态文明建设的基石。党的十八大报告强调完善最严格的耕地保护、水资源管理和环境保护制度。当前,土地与环境已有《刑法》保护,水资源保护也需要加快步伐,通过增加刑罚手段,严厉打击非法采砂行为,确保河道湖泊的健康存续与生态安全。

5.2　管理层面

5.2.1　深化采砂规划与可行性论证

采砂规划,作为河道采砂管理的核心依据,不仅是规范与有效控制河道采砂活动的基石,更是蕴含深厚社会化管理属性的规划体系,对指导科学、有序的河道采砂活动具有纲领性意义。在流域综合规划的宏观框架下,科学编制河道采砂规划,旨在确保河势稳定,维护防洪、通航安全,保障涉河工程与生态环境的和谐共生。河道采砂规划体系的建立健全,有助于完善管理体制,提升河道采砂管理水平,推行采砂许可制度,为河道采砂管理工作提供科学指导。

依据河湖管理权限,各地应针对肩负采砂任务的河湖,加速推进采砂规划的编制工作。在编制过程中,需要严格遵循《河道采砂规划编制与实施监督管理技术规范》(SL/T 423—2021)的相关要求,确保规划内容的科学性、合理性与合规性。同时,应深入贯彻保护优先、绿色发展的理念,坚持统筹兼顾、科学论证的原则,以保障河势稳定、防洪安全、通航安全、生态安全、重要基础设施安全为首要任务。此外,采砂规划还需要遵循水利规划环境影响评价的有关规定,编制环境影响篇章或说明,以体现科学发展与可持续发展的原则。在规划编制中,应妥善处理当前与长远的关系,彰显人水和谐、协调发展的治水理念,遵循"在保护中利用、在利用中保护"的原则,实现河道砂石资源的适度、合理利用。针对采砂管理矛盾突出、流域内经济发展水平较高、采砂对河道影响显著的河流,采砂规划应尽可能详尽具体,同时兼顾其他一般河流的采砂规划需求。此外,采砂规划应与河道、航道治理工程和其他河道内综合利用项目相结合,力求实现互利共赢,通过减少疏浚弃砂,最大化利用砂石资源。

水河湖〔2019〕58 号文件已明确要求各地对肩负采砂任务的河湖编制采砂规划。此外,《河道采砂规划编制与实施监督管理技术规范》(SL/T 423—2021)的出台,为河道采砂规划提供了更为坚实的制度保障。然而,部分基层水行政主管部门在专业能力方面存在不足,对相关规范的掌握不够及时,导致部分河道采砂规划不符合规范,甚至出现了长达 20 年的不合规超长期规划。因此,在编制采砂规划时,应充分考虑河道规划、时间、采砂影响的限制因素。河道规划限制要求采砂规划必须在河道规划的指导下进行编制;时间限制强调规划内容需要及时更新,以反映最新的河道状况与管理需求;采砂影响限制则要求采砂活动不得对河道和生态环境产生负面效应。只有基于这些限制因素,合理划分禁采区、可采区、保留区,并科学确定采砂量,才能编制出既科学又有效的采砂规划。然而,当前采砂规划仍存在诸多不足。例如,在规划编制过程中往往涉及大量数理模型和推论演绎,但是数据来源的客观性难以保证;关于采砂影响的研究,鲜有揭示采砂影响与规划编制之间内在作用机理的深入探讨;部分禁采区未能实现真正的禁采,往往以河道整治、航道疏浚、水库清淤、生态修复等名义重新启用,缺乏针对禁采区效用发挥的有效策略研究。

鉴于采砂规划在河道采砂管理中的基础性地位,在全国范围内应建立统一的采砂规划制度,对规划内容、实施方案、相关细节作出明确规定。按照《水法》所确立的流域与区域管理相结合的管理体制和河道采砂管理的实际需求,可将河道采砂规划的编制主体明确为流域管理机构、省级水行政主管部门、县级以上水行政主管部门三级。各级编制主体应按照相应的河道管理权限组织编制规划。其中,国家确定的重要江河、湖泊的河道采砂规划由流域管理机构负责编制。这既体现了国家对重要江河、湖泊采砂活动的控制权与主导性,也为下位层级的规划编制和全国采砂规划的协调统一提供了有力指导。跨省(自治区、直辖市)的其他江河、湖泊的河道采砂规划则由流域管理机构协调相关省(自治区、直辖市)水行政主管部门共同编制。其他河道采砂规划按照河道管理权限由县级以上水行政主管部门负责编制,以充分发挥地方政府的自主权。

在编制河道采砂规划时,应广泛征求交通运输、生态环境、自然资源、公安、农业农村等主管部门的意见,并通过论证会、听证会或其他方式广泛征求专家、公众和利益相关方的意见和建议。从纵向角度来看,由流域管理机构主导编制的规划需要报国务院或授权部门批准,由地方人民政府相关部门编制的规划需要报本级人民政府批准,这体现了权责对等的原则。从横向角度来看,每一层级的规划编制均由流域管理机构和各级水行政主管部门主导,同时也赋予了自然资源、交通运输等行政主管部门参与权,从而从源头上避免了河道采砂规划与其他部门专项规划的冲突,有助于采砂规划的整体协调和顺利实施。在进行可采区可行性论证时,还需要建立河道砂石资源采矿权出让项目库,综合考虑已有砂石资源采矿权的分布和服务年限,加强砂石市场运行分析,合理确定在一定时期内拟设置的河道砂石资源采矿权数量和规模,并根据市场需求积极有序地投放采矿权。这将有助于实现砂石资源的合理配置与高效利用,推动河道采砂活动的可持续发展。

5.2.2　强化规划刚性约束

在汲取《长江河道采砂管理条例》实践智慧的基础上,融合近年来地方采砂管理面临的新挑战,深化河道采砂规划内容的完善与创新。在充分借鉴《长江河道采砂管理条例》多年实施所积累的经验与教训的基础上,需要紧密结合近年来地方采砂管理工作不断涌现的新情况、新问题,对河道采砂规划的内容进行更为全面、深入的完善与优化。这一过程旨在构建一套既符合当前实际又具备前瞻性的河道采砂管理体系。

河道采砂规划的编制工作,应由县级及以上地方水行政主管部门负责牵头组织,并经过上一级水行政主管部门的严格审查与同意后,最终由本级人民政府进行审批。对于省级水行政主管部门编制的河道采砂规划,在正式批准前,还需要征得相关流域管理机构的认可与同意,以确保规划内容的科学性、合理性、协调性。同时,由水利部流域管理机构主导编制的流域内重要江河湖泊的河道采砂规划,则需要由水利部或其正式授权的单位进行审批,以彰显权威性与规范性。

县级以上人民政府水行政主管部门在依法履行职能的过程中,应明确划定禁采区,并设定禁采期,随后及时向社会公众发布相关公告,以保障公众的知情权与参与权。河道采砂规划作为河道采砂管理和监督检查的核心依据,一经正式批准,即具备法律效力,必须得到严格、全面的执行。若因特殊原因需要对规划进行修改,必须严格按照规划编制程序,经由原审查批准机关进行审慎的审批与核准。

在此基础上,县级以上地方人民政府水行政主管部门或流域管理机构可根据河道采砂规划的实际需求,结合本行政区域内的具体情况,制定年度实施方案。该方案应详细规定可采区的具体位置、范围、开采期限、年度采砂控制总量、采砂机具开采能力的控制要求、开采作业方式等关键事项。在方案制定完成后,需要经本级人民政府的审核与同意,并报上一级河道采砂主管部门进行备案,最终予以公布。这一过程旨在确保河道采砂活动的有序进行,同时保障生态环境的可持续发展。

5.2.3 落实地方行政首长负责制

在河道采砂管理的实践中,部分地方政府及其相关部门因利益驱动,直接或间接地涉足非法采砂活动,导致了地方保护主义盛行,采砂秩序陷入混乱,非法采砂问题愈发凸显,严重阻碍了河道资源的可持续利用,阻碍了生态环境保护。

面对河道采砂监督管理的新形势与新挑战,各地需要从政治高度出发,深刻认识河道采砂管理的重要性与紧迫性,进一步强化并落实河道采砂地方行政首长负责制,确保责任追究机制的严格实施。具体而言,需要明确管理责任主体,构建一套由河道采砂地方行政首长总负责,水行政主管部门实施统一管理,自然资源、交通运输、公安等部门各司其职、紧密协同的河道采砂管理体制与运行机制,旨在打破部门壁垒,形成合力,共同应对河道采砂管理的复杂局面。河道采砂管理关乎防汛安全与社会稳定,是地方政府义不容辞的责任。对于采砂管理秩序混乱的地区,应由当地政府主要领导亲自挂帅,组建强有力的整治小组,制定并实施严格的责任追究制度,采取果断有力的措施,对非法采砂行为进行严厉打击,以儆效尤。对于采砂管理中暴露出的主要问题,地方行政首长需要亲自出面协调解决,确保问题得到及时、有效的处理。

此外,还需要建立并完善采砂管理责任问责与追究制度,对采砂管理中出现的任何问题,都要依法依规对地方行政首长、当地水行政主管部门和各管理职能部门责任人进行严肃处理,绝不姑息迁就。这一制度的实施,旨在形成有效的监督与制约机制,确保河道采砂管理工作的规范、有序、高效进行,为河道资源的可持续利用与生态环境保护提供坚实的制度保障。

5.2.4 落实河道采砂许可制度

《河道管理条例》明确规定,河道采砂活动必须事先获得相关河道主管机关的正式批准,未经授权,任何单位或个人不得擅自从事采砂作业。针对水利部流域管理机构直接管理的河道,采砂许可工作由相应的流域管理机构依法依规组织并实施。

河道采砂许可的核发应以已批复的采砂规划和年度采砂计划为坚实基础,确保审批过程严格遵循法律法规,同时充分考虑河势河床变化、防洪安全、采砂总量控制、通航需求、环境保护等多个方面的因素。建立并实施科学严谨的论证审批流程,有效避免实际开采量与审批开采量之间的差异所引发的潜在纠纷,特别是在采用招标、拍卖、挂牌等市场化方式确定被许可人的情况下,这一流程更是至关重要。它不仅能够充分保障申请人的合法权益,还能最大限度地降低行政风险,为河道采砂许可提供坚实的技术支撑。对于因吹填造地、吹填固基、河道整治、航道整治、清淤疏浚等特定需求而提出的河道采砂申请,应首先对可采区进行深入的采砂可行性论证,相关论证报告由省级政府水行政主管部门或流域管理机构负责组织编制;而针对上述特定用途的采砂申请,其论证报告则由申请采砂的单位或个人自行负责编制。值得注意的是,若采砂可行性论证不充分、现场管理责任人缺失、日常监管措施不到位,或缺乏可行的可采区实施方案、堆砂场设置方案、河道修复方案,将不予颁发河道采砂许可证。

对于依法整治河道、航道,以及清淤疏浚所产生的砂石,原则上不得在市场上进行经营销售。若确有必要进行销售,则应按照经营性采砂进行管理,向省级政府水行政主管部门或流域管理机构提交河道采砂申请,并附上采砂可行性论证报告,办理河道采砂许可证。为了优化现有的许可模式,提出采用"一证一费"的简化模式,即统一采用采砂许可证作为许可证件,并在许可条件中整合自然资源部门的采矿许可证和交通运输部门的水上水下施工作业许可证的相关内容。这一模式的实施将由水行政主管部门牵头,协同自然资源、交通运输等部门共同进行审查决定。此举不仅体现了各部门依据"三定"方案明确的管理职权,还符合现实工作需求和简政便民的原则,同时避免了水利部门在事前征求相关部门意见和事后告知的烦琐程序。在采砂许可证中,需要对采砂作业范围、方式、时间、船只、机具的数量与规格等关键要素进行明确规定。

获得河道砂石开采权的单位或个人需要依法缴纳矿业权出让收益,其征收与使用管理需要遵循国家和地方的有关规定。对于依法整治疏浚河道、航道,以及涉水工程所产生的砂石的综合利用,应由项目所在地人民政府报上一级河道采砂主管部门审批后依法处置。在设定采砂许可门槛时,应提出涉河涉水相关专业的资质和业绩要求,以防范不当的河砂开采行为对河道安全构成威胁。此外,还可探索实施开采主体与经营主体分离的要求,以减轻采砂者在获得许可后直接经营并过度追求利润而可能引发的超量开采问题。

为确保采砂许可的透明度,应通过多种渠道和方式公开相关信息。从申请受理到许可证的发放,所有能够公示的内容,如审批事项、依据、条件、数量、程序、期限、需要提交的材料等,均应及时向公众公布。这不仅能增强公众的信任感,还能及时发现并揭露审批过程中可能存在的问题。透明的公示手段是对行政审批工作人员的有效约束。

在采砂许可的审批过程中,应始终贯彻公正、公平的原则。审批程序的各个环节应逻辑清晰、合乎理性,要求行政机关在审批中合理行使裁量权,不得对申请人实施歧视性待遇。若存在两个或两个以上符合条件的申请人,受理机关应根据申请的先后顺序作出决定。对于争议较大的砂场,可通过招标、拍卖等公平竞争方式作出决定。同时,应建立调查、回避、说明理由、听取意见、权利分解、集体决定等制度,以确保采砂许可申请的公正性与公平性。此外,还可借鉴流域和地方河道采砂许可管理的成功经验进行制度创新,积极探索推行统一开采经营等新模式。例如,近年来部分省份通过政府部门组建采砂管理公司,实现统一许可、统一销售,不仅大幅降低了行政管理成本,还有效控制了砂石市场价格,维护了良好的采砂管理秩序,为根治采砂混乱局面提供了新的思路。

按照"谁许可、谁监管"的原则,需要加强对许可采区的事中和事后监管。实施旁站式监管模式,建立进出场计重、监控、登记等制度,确保采砂现场监管无死角、全覆盖。采砂现场应设置醒目的标志牌,载明相关许可信息,以保障作业安全。同时,对采砂船和机具进行统一登记与规范管理。河道采砂活动必须严格按照许可的作业方式进行,严禁超范围、超深度、超功率、超船数、超期限、超许可量开采。采砂结束后,应及时撤离采砂船和机具,并平复河床。堆砂场应设置在河道管理范围以外;若确实需要设置在河道管理范围内,则需要符合岸线规划,并按相关规定办理批准手续。此外,还应积极探索推行河道砂石采运管理单制度,以强化采、运、销全过程的监管力度。

5.2.5 加强河道砂石采运管理

长江流域的河道采砂管理近年来始终保持着在全国范围内的领先地位,其推行的河道砂石采运管理单系统尤为瞩目。该系统深度整合了采砂规划、许可审批、实施监管等多维度数据,创新性地构建了以砂石电子身份证为核心的全链条监管模式,实现了对河道砂石从开采、运输到过驳上岸的全流程、全要素智能化管理。截至 2024 年 6 月底,在长江流域内已有 165 个规划可采区成功纳入该系统管理范畴,累计开具管理单据 3.1 万份,涉及砂石开采量高达 0.98 亿 t;同时,108 个疏浚区域被纳入系统管理,累计开具管理单据 2.3 万份,涉及砂石利用量 0.40 亿 t。

河道砂石采运管理单制度的出台及其配套系统的建设,标志着采砂管理信息化水平实现了质的飞跃,从根本上破解了纸质单据易于伪造、难以核验,以及管理效率低下等长期困扰行业的难题,取得了令人瞩目的成效。

(1)显著提升采砂管理能力与水平

该系统的应用使得采区的日常管理更加精细化、科学化。系统内置的防伪技术和独特的验证架构有效遏制了超采、"采多开少"等违规行为;现场监管部门得以实时掌握开采动态,科学指导采区作业;各级水利部门可通过系统实时查阅并汇总各采区的许可和开采情况,确保监督管理工作及时准确开展。

(2)强化打击非法采砂手段

河道砂石采运管理单制度的实施和电子管理单的应用,为河道砂石采运构建了全方位数字化监管网络,为核查砂石来源合法性、规范采区管理、严厉打击非法采运砂行为提供了坚实的技术支撑。截至 2024 年 6 月底,通过核查河道砂石采运管理单,已成功查获非法运砂船超过 600 艘次,并追溯砂石来源,侦破了一批具有重大影响的非法采砂案件。此外,对运载来源不明砂石的运砂船实施"黑名单"制度,有效促进了砂石运输行业的自律与合规。

(3)实现显著的社会效益、生态效益和经济效益

电子管理单的应用不仅使打击非法采砂更加精准高效,对于维护长江河势稳定、保障防洪和通航安全也具有深远意义,实现了显著的社会效益、生态效益和经济效益。此外,该系统的应用还极大降低了管理成本。据初步估算,在电子管理单使用前,仅四川省每年用于纸质单据印制的费用就高达约 500 万元。若将该系统在全国范围内推广应用,将有望节省大量的印刷成本,并显著提升开单、核验及统计效率。

(4)为全国推广积累宝贵经验

河道砂石采运管理单在长江干流率先推广应用,通过在实践中的不断探索与问题解决,系统得以持续完善,为在全国范围内的推广应用积累了丰富经验并树立了典范。

因此,将长江河道砂石采运管理单的成功经验推广至全国,并实现跨区域、跨部门的互联互通与统一管理,不仅是提升我国河道管理水平的必然选择,也是推动砂石行业健康、可持续发展的关键举措。

5.2.6 加强河道采砂管理能力建设

河道采砂管理队伍的建设是确保采砂活动得到有效监管和管理的基石。当前,各级涉砂法律法规均明确规定了相应的管理机构和执法主体,为河道采砂管理提供了法律依据。从纵向角度来看,国家和地方层面已成立了众多砂石管理机构,如长江委河道采砂管理局、安徽省长江河道采砂管理局、江苏省河湖采砂管理局等,这些机构的设立极大地强化了砂石管理的组织架构。从横向角度来看,部门间的联合执法机制也已逐步建立,如水利部与交通运输部通过签署《加强长江河道采砂管理合作备忘录》,共同打击长江河道内的非法采砂行为。此外,各省级单位之间也加强了沟通与合作,如水利部门与海事部门联合制定执法协作的规定或协议,进一步提升了执法效率。在基层县级层面,县级以上人民政府积极组织水利、国土资源、公安、交通运

输、航道、海事、海洋与渔业等部门开展联合执法行动,共同打击违法采砂行为,维护河道采砂管理秩序。这些专门机构的设置和联合执法机制的建立,已初步取得了显著成效。

采砂船舶管理作为河道采砂管理的核心环节,近年来得到了高度重视。各地以推进河湖长制工作为契机,狠抓责任落实,强化日常巡查和现场监管,扎实开展涉砂船舶的清理整治工作。部分省份针对河道采砂船舶管理形成了较为系统的管理体系,实行了集中停靠制度、总量控制制度、河道砂石采运管理单制度,并推动了"三无"非法采砂船舶的没收销毁工作试点。广东省出台了《关于河砂合法来源证明管理的暂行办法》,为打击非法运砂行为提供了有力保障,并通过在合法作业的采砂船舶上安装视频监控系统,实现了对采砂现场的远程动态监视和管理。

然而,不同省份在采砂船舶管理方面的进展存在差异。例如,福建省正在逐步完善采(运)砂船舶的数量控制、定位监控管理、停泊管理,以及禁止使用大型吸式采(运)一体化吸砂船采砂等制度;浙江省取缔了大部分采砂船,并对少量采(运)砂船舶加强了管理;江苏省加快了"三无"采砂船的取缔工作,推动了沿江各地拆解采砂船和拆除采砂机具。北方河流由于多采用旱采方式,采砂船相对较少,因此部分省份(如山西省、甘肃省、黑龙江省等)尚未对采砂船舶管理提出具体方法措施,而河南省则主要针对运砂车辆进行管理。

当前,大部分省份都高度重视河道采砂的日常管理和整治工作。部分省份建立了完善的日常监管和巡查机制。这些机制包括实行采砂公告牌制度、水利部门监督与采砂监理相结合的现场双重监管制度、河砂合法来源证明制度、河道采砂视频监控系统,以及加强对采砂现场的监督检查和巡查监管等。这些措施有效地提升了河道采砂管理的效率和水平。以长江干流为例,其河道采砂管理能力已得到显著提升。以重庆市涪陵区为例,自2017年以来,涪陵区持续开展打击非法采砂专项行动,从水上、岸上、路上多个方面打击非法采砂。与此同时,涪陵区探索出"四防"(联防、人防、技防、群防)结合的新方法。政府牵头,水利、海事、航道、长航公安等部门加强协作、联合执法,共同履行"联防"职责。涪陵区人民政府组建全区河道采砂管理合作机制协调组,成员单位每季度召开联席会议,协调化解涉砂重要问题,各部门每年至少开展2次联合执法行动。水行政执法人员和相关单位工作人员严格把好"人防"关口。各管理部门通过路上汽车、水上巡逻艇、空中无人机的方式进行拉网式的巡河和明察暗访。据统计,每年仅涪陵区水利局路上巡河里程就超过5000km,水上巡河里程超过800km,无人机巡查超过50次,为实现长江河道采砂管理工作的依法、科学、有序提供了有力保障。然而,对于经济条件较为落后的地区,河道采砂管理仍面临诸多挑战。这些地区往往缺乏成建制的河道采砂管理人员和专门稳定的管理经费来源。基层河道采砂巡查任务繁重,监管工作点多面广,加之管理单位筹资渠道不断缩减和地方政府财力有限,导致采砂监管执法经费不足的现象普遍存在。这不仅限制了河道采砂管理的有效实施,还影响了监管执法的效果。

为了解决这些问题,水利部提出了长江河道采砂管理要有专门管理机构、专职管理人员、专用执法装备和专项管理经费(即"四个专门")的要求。这一要求的提出,旨在加强河道采砂管理的长效机制建设。各级水行政主管部门应积极开展对执法基地、执法装备、管理经费、执法队伍等能力建设规划的研究与编制工作,并提出政策建议,力争得到国家的支持。同时,应从根本上解决采砂管理机构编制、经费渠道、执法人员身份和着装等问题,全力推进采砂管理和执法保障体系建设,逐步形成长效管理机制。此外,根据中共中央办公厅、国务院办公厅的相关指导意见,各级河湖长对本行政区域内的河湖管理和保护负总责。因此,各地应根据中央要求,落实河湖长的河湖管理保护责任,并将采砂管理成效纳入河湖长制考核体系。这不仅有助于提升河道采砂管理的重视程度,也有助于推动相关工作的有效落实。在加强河道采砂管理方面,各级水行政主管部门应坚持守土有责、守土担责、守土尽责的原则,切实承担起河道采砂管理的法定职责。同时,应将河湖长制与采砂管理责任制有机结合,建立河长挂帅、水利部门牵头、有关部门协同、社会监督的采砂管理联动机制。这一机制的建立将有利于形成河道采砂监管的合力,提升监管效率。

为了加强对"采、运、销"3 个关键环节和"采砂业主、采砂船舶和机具、堆砂场"3 个关键要素的监管,各地应对辖区内有采砂管理任务的河道进行逐级逐段落实责任人制度。这些责任人包括采砂管理河长责任人、行政主管部门责任人、现场监管责任人、行政执法责任人等。同时,应将这些责任人的名单向社会公告,并报省级水行政主管部门备案。这一制度的实施将有助于明确各级责任人的职责和任务,推动河道采砂管理工作的有效落实。然而,当前依托河长制平台开展的多部门联防共管模式仍存在一些问题。虽然水利部门是非法采砂活动的管理主体,但是职能部门之间的联动仍不够密切。虽然与交通运输部门和公安部门等建立了联合执法机制,但是尚未形成完备的执法体系。水利部门水政执法队伍正在推行改革工作,基层单位执法力量不足的问题较为突出。此外,受到执法任务复杂、难度大,以及水政人员日常监管与执法工作负荷较重等因素的限制,采砂过程的安全管理落实难以得到有效保证。

为了解决这些问题,建议深化责任体系改革,建立健全市、县、乡镇纵向到底、部门横向联动到边的网格化采砂管理体系。同时,应出台一些与采砂管理相关的指导性技术规范和细则等支撑监管工作。这些规范和细则应明确其他部门的具体职责和任务要求,以确保在实际工作中具有可操作性和实效性。此外,还应深化部门间的协作与配合,在规划编制、专项审批、监督管理等方面建立联动、协调的长效机制。这将有助于引导采砂工作健康发展、良性循环,并推动河道采砂管理工作的全面提升。此外,在加强对违法采砂行为的打击和处罚力度的同时,也应考虑对监督管理做得好的单位和个人给予奖励和表彰。这将有助于激发相关人员的积极性和责任感,推动河道采砂管理工作的深入开展。

5.2.7 强化日常监督巡查机制

为有效遏制非法采砂活动,必须进一步加强日常监督巡查力度。具体而言,需要构建一套完善的河道采砂监督巡查体系。该体系应融合明察与暗访的双重策略,并倾向于采用更为隐蔽的巡查方式,即不预先通知、不依赖汇报、不需要陪同,直接深入管理一线和作业现场。水利部下属的各流域管理机构和地方各级水行政主管部门需要协同作战,针对重点河段、敏感水域、问题频发区和特定的高风险时段,实施更为密集和细致的巡查。特别要强化对禁采区域和禁采期的监管,确保能够及时发现并迅速解决问题,严禁以整改之名规避处罚,或以处罚替代有效监管。对于在河道采砂监管工作中失职渎职、不作为、慢作为、乱作为,导致非法采砂问题突出的责任人,必须依据相关法律法规和纪律规定,进行严肃的责任追究与惩处。

维持对非法采砂的高压严打态势至关重要。依托河湖长制平台,应在河长湖长的统一指挥下,整合多部门力量,构建包括定期会商、信息共享、联合检查、联合执法、案件移交在内的综合管理制度。针对跨界河段(水域),应建立区域联防联控机制,形成上下联动、区域协同、部门配合的高效执法监管体系。同时,积极响应中共中央、国务院关于扫黑除恶专项斗争的号召,严格执行《最高人民法院、最高人民检察院关于办理非法采矿、破坏性采矿刑事案件适用法律若干问题的解释》(法释〔2016〕25 号),确保行政执法与刑事司法无缝衔接,对非法采砂行为实施精准打击。在打击过程中,要注重挖掘并移送涉黑涉恶线索,配合公安等部门完成后续调查取证和查处工作,形成强大的打击声势和持久的威慑效应。

此外,还需要坚持日常执法与专项打击相结合的原则,适时组织执法行动和专项整治,同时推行执法公示、全过程记录、重大执法决定法制审核等制度,以提升执法透明度和规范化水平。

5.2.8 完善村民自用砂石管理机制

鉴于村民自用砂石需求量相对较小,传统上采取较为宽松的管理政策。例如,《江西省河道采砂管理条例》规定,村民在禁采区外因自用目的少量采挖砂石,不需要办理许可证,且所采砂石不得用于销售。然而,随着砂石的市场价格飙升,部分村民开始利用自用砂的宽松政策,采取"蚂蚁搬家式"作业,在河道河滩地通过手工铲砂、电动车或三轮车运输等方式非法采砂并囤积销售。这一现象给日常监管带来了极大挑战，主要表现为"少量"标准的模糊性以及"自用"与盗采之间的界限难以界定。因此，如何在保障村民合理用砂需求的同时，有效监管砂石资源，维护河道生态安全，成为亟待解决的问题。

为解决这一问题，各地需要结合实际情况，创新日常监管方式，充分发挥主观能动性，实现村民少量采砂的良性管理。具体而言，可采取以下措施：①实施统一采砂、定量分配制度，由乡镇政府组织村委或村民筹资，委托专业公司进行统一采砂，并由村委会审核村民用砂用途和数量，同时由乡镇政府对采砂、运砂过程实施实时监管；②从销售环节入手，加大处罚力度，明确规定村民采砂仅限自用，一旦发现销售行为，即予以严厉处罚，提高违法成本，遏制滥采盗采现象；③从开采环节强化人防与技防结合，鉴于村民"蚂蚁搬家式"采砂证据收集难度大，可在关键采砂点安装监控设备或安排专人值守，实现信息化、旁站式监管。

5.2.9　提升舆论宣传与监管能力

为加强河道采砂管理，打击违法行为，需要充分发挥新闻媒体、社会舆论、群众监督的作用，营造积极的舆论氛围。通过举办主题宣传活动、设置宣传公告栏等方式，加大对河湖保护重要性的宣传力度。同时，设立曝光台，定期公布违法典型案例，形成强大的社会震慑力。此外，应建立河道非法采砂举报制度，鼓励群众积极参与监督，拓宽监督渠道。

在监管手段上，应强化信息化技术的应用。按照"务实、高效、管用"的原则，积极引入卫星遥感、无人机、GPS 定位、视频监控等现代信息技术，丰富监管手段，提高监管效率和精准度。对合法采砂船安装定位系统，对集中停靠地实施在线监控，并在"水利一张图"上标注可采区、堆砂场、采砂船集中停靠地等信息，实现全面、动态的监管。

要加强采砂管理队伍建设。确保河道采砂监管和执法力量的充足，进一步充实管理人员和执法队伍，配备必要的执法装备，保障执法经费，并加强队伍培训。同时，强化廉政风险防控和作风建设，打造一支忠诚、干净、担当的河道采砂监管和执法队伍，为河道采砂管理提供坚实的人才保障。

5.3　技术层面

5.3.1　强化河道采砂现场管理

当前，发证单位与采砂企业在河道采砂的现场管理上存在显著不足，特别是在采砂范围、采砂深度、采砂量的控制措施上缺乏有效监管,尤其是对水下采砂活动的监管难度更大,采砂企业频繁出现超范围、超深度、超量开采的现象,这对河势稳定、防洪安全、生态安全、相关工程安全构成了严重威胁。

为确保采区现场管理的有效性与规范性,需要从以下 9 个维度进行精细化管理。

(1)构建完善的现场管理机构体系

发证单位与采砂企业均需要设立专门的现场管理机构,明确管理人员及其职责,完善现场管理、日常巡查、日报告、环境保护、安全生产等规章制度,确保工作经费充足,并配备先进的监督检测设施。同时,为保持工作沟通的顺畅与连续性,发证部门应要求采砂企业提交现场管理人员名单、职责分工、联系方式等书面材料,并建议技术力量薄弱的发证单位参照工程施工监理模式,委托专业监理公司进行采砂现场管理。

(2)强化公示公告机制

发证单位与采砂企业应深入采砂点周边的村庄,通过现场宣讲、散发宣传资料、张贴公告等方式,向当地群众普及采砂的目的、意义、规划审批、采砂许可、生态修复、便民惠民措施等,以赢得群众的理解与支持。

(3)优化采砂施工方案

发证单位应督促采砂企业结合采砂点的实际情况,制定科学合理的开采方案,细化施工工序,合理布局砂石堆放区、采砂设备摆放位置、运输线路,确保采砂现场始终保持整洁、规范、有序。

(4)加强业务培训与能力提升

发证单位应定期组织对河道采砂参与各方的相关人员进行业务培训,使其深入掌握相关法律法规、河道采砂年度实施方案、现场管理规定、采砂程序和注意事项等,为河道采砂的规范有序实施奠定坚实基础。

(5)实施定期测量放线制度

在河道采砂开始前,发证单位应联合采砂企业现场管理人员,严格按照批复的年度采砂实施方案,利用 GPS 定位仪进行实地放线与原始地形测量,设置醒目的边界标识,并做好测量基准点的交接工作,以便在监督管理与采砂的过程中对采砂范围与深度进行复核测量。

(6)严格设备与人员管理

在采砂作业开始前,发证单位应对采砂企业配备的采砂船只、机具数量和功率、采砂人员资格进行全面核查,对不符合要求或超额配备的采(运)砂船舶、机具进行及时清理,对不符合要求的人员进行劝退,并对采(运)砂船舶(车辆、机具)进行统一登记、编号、标识,确保其作业方式符合规定。

(7)完善报审与抽验流程

采砂前准备工作完成后,对于在省、市级河长负责的河流上进行采砂活动的,需要报请省辖市水行政主管部门组织审验,并由省水利厅组织抽验;对于在其他河长负责的河流上进行采砂活动的,由所在地县水行政主管部门组织审验,并由省辖市水行政主管部门组织抽验,审验合格后方可开始采砂活动。

(8)推行采储分离原则

开采出的河砂在控干水分后应及时转运至储砂点进行储存,并固定采砂点至储砂点的转运路线运砂车辆应密闭、全覆盖,防止河砂泄漏、遗撒和超限超载。驶出储砂点的运砂车辆底盘和车轮需要冲洗干净后方可上路。储砂点应设置在河道管理范围以外,并设置连续、封闭的围挡,实行全封闭管理。储砂点应仅设一个出口,并配备车辆冲洗和地磅计重设施,由专人负责设备的使用、维护、保养。储砂点的主要道路、作业区、生活区应进行硬化处理,其他裸露地面应采取绿化、覆盖、固化、洒水或其他防治扬尘措施。储砂点到公共道路之间的运输道路也应进行硬化处理。储砂点的砂石料堆放应采取防扬尘全覆盖措施,露天堆放的,堆放高度应控制在合理范围内。发证部门应在储砂点出口派驻专人负责,根据计重结果填写并发放河道砂石采运管理单,未取得砂石采运管理单的运砂车辆(船只)不得驶出储砂点。

(9)强化修复与验收工作

发证单位应督促采砂企业按照"谁开采、谁清理、谁平复"的原则,对采砂作业过程中产生的砂石堆料、弃料进行清理平复,并修复损坏的河床岸滩、河道堤防和道路等。采砂活动结束后,发证部门应督促采砂企业及时撤出河道管理范围内的船只、机具、动力设施等,并组织相关部门人员对河道采砂情况、生态修复情况、损坏的道路与相关设施修复情况进行验收。

5.3.2　信息化平台互联共享

河道采砂信息化监控平台作为当前旁站式监管的重要手段,对于提升监管效率具有重要意义。发证单位或采砂企业在委派人员进行现场管理的同时,应建立健全河道采砂信息化监控平台,充分利用现代信息技术手段,在采砂点四周设置电子围栏,并在采砂船只(设备)、运砂船只(车辆)上安装 GPS 定位设备,设置自动报警系统。通过卫星定位、影像监视等监控设备,对采砂作业、砂石运输、储砂点出入口等重点部位实行 24h 动态监控。

加强部门间涉砂信息互通是提升管理效率的关键。河道采砂管理实行县级以上地方人民政府行政首长负责制,并纳入河湖长制管理体系。以长江为例,水利部、公安部、交通运输部已建立长江采砂管理合作机制,并签订了长江采砂管理合作机制框架协议,建立了长江河道采砂管理信息互通工作机制,深入推进采砂规划、许可审批、涉砂场所、砂石采运、涉砂船舶监控、涉砂案件等信息互通共享。未来,应将这些信息全部纳入河道砂石采运管理单系统,使部门间的信息共享更加顺畅、高效,推动采砂管理部门间的合作更加广泛、深入、具有实效性。

新修改的《长江河道采砂管理条例》明确规定:"长江水利委员会应当会同沿江省、直辖市人民政府水行政主管部门及有关部门、长江航务管理局、长江海事机构等单位建立统一的长江河道采砂管理信息平台,推进实施长江河道砂石开采、运输、收购、销售全过程追溯。"因此,未来应以长江河道砂石采运管理单系统为基础,加快构建统一的长江河道采砂管理信息平台,为进一步加强长江河道采砂的科学规划、依法许可、严格监管、精准打击、跟踪评估提供坚实的平台支撑。

5.3.3 疏浚泥沙全级配利用

当前,清淤疏浚产生的砂石已成为河道砂石资源管理的重点。作为维护河道和湖泊等水域畅通、提高防洪排涝能力的重要措施,清淤疏浚过程中产生的不同级配泥沙若处理不当,既会对环境造成二次污染,也会浪费宝贵的自然资源。因此,制定清淤疏浚泥沙全级配利用技术规范,对于实现泥沙的资源化、减量化、无害化处理具有深远意义。

首先,需要对不同来源(如河流、湖泊、水库等)的泥沙进行粒径分布、物理化学性质和污染状况的深入研究。根据特性和工程需求,将泥沙划分为不同的级配等级,为后续的处理和利用提供科学依据。其次,应分析比较干挖法、水力冲除法、水下清淤法(包括抓斗式、泵吸式、绞吸式等)等常用清淤技术的优缺点,提出适用于不同河道、湖泊条件的清淤方案和环保清淤技术,如利用螺旋式挖泥装置或密闭式旋转斗轮挖泥设备,以减少对环境的扰动和污染。同时,研究提出清淤泥沙脱水、固结、稳定化处理技术,如真空浓缩快速干化、物料掺混固结等,以提高泥沙的利用价值。此外,还需要探讨泥沙在建筑材料、土地回填、农业改良等方面的应用潜力,并提出具体的利用方案和技术指标。根据泥沙处理与利用的需求,设计合理的工艺流程,涵盖泥沙的采集、运输、处理、利用等各个环节。同时,针对清淤疏浚过程中可能产生的环境影响,如水体污染、噪声振动、生态破坏等,应提出相应的预防和控制措施。建立环境监测体系,对清淤疏浚过程中的环境质量进行定期监测和评估,确保符合国家和地方环保标准,并深入分析清淤疏浚泥沙全级配利用技术的经济效益,包括成本投入、资源产出、环境效益等方面。最后,通过系统研究清淤疏浚泥沙全级配利用技术,形成一套科学、合理、可行的技术规范,为河湖(库)清淤疏浚泥沙的资源化、减量化、无害化处理提供有力的技术支撑。

5.3.4　加强技术支撑工作

由于采砂管理工作覆盖面广,涉及的专业学科众多,技术性较强,并且面临的管理形势不断变化,采砂管理实践中遇到的新问题层出不穷,因此需要加强技术支撑工作和研究论证工作,及时更新和完善诸如技术标准、规程规范、采砂后评估等技术性指导规范和准则,以适应不断变化的新环境,解决新问题。在探讨河道采砂活动的后续影响及其必要的评估与修复策略时,面临着一个显著的技术挑战,即当前缺乏系统、全面的技术参考框架与明确的修复细则或技术规范。这一现状不仅制约了科学、高效地评估采砂活动对河道生态系统造成的具体损害程度,也阻碍了制定并实施针对性的修复方案。具体而言,河道采砂作为一种常见的自然资源开发活动,其直接后果往往包括河床形态的改变、水流动力学的调整,以及水质环境的潜在恶化,进而对河道生态系统中的生物群落结构、功能、多样性产生深远影响。然而,当前的修复实践多局限于表面层次的现场清理(如移除残留砂石、废弃物)和简单的植被恢复(如复绿工程)。这些措施虽然能在一定程度上改善河道景观,但是未能触及生态系统恢复的核心——恢复受损的生物群落及其相互间的复杂关系。

对于河道生态系统的全面恢复,必须认识到这是一个多维度、多层次的复杂工程,它要求综合考虑底栖动物群落的重建、鱼类栖息地的恢复、浮游生物种群的动态平衡等多个方面。底栖动物作为河流生态系统的基础组成部分,其种类、数量、分布状况直接反映了河流水质与生态健康状况;鱼类栖息地的恢复需要关注水深、流速、底质结构等关键生态因子的适宜性,以确保鱼类种群能够正常繁衍;浮游生物作为水生食物链的基础环节,其数量与种类的稳定对于维持整个生态系统的平衡至关重要。

因此,未来的河道采砂后评估与修复工作亟须建立一套科学、系统的技术体系,包括制定详细的生态影响评估标准与方法,明确修复目标与指标;研发适用于不同河道类型与受损程度的修复技术与材料;建立长期监测与评估机制,跟踪修复效果并适时调整修复策略;加强跨学科合作,融合生态学、水文学、环境工程学等多领域知识,共同推动河道生态系统修复理论与实践的发展,为河道采砂后的生态恢复提供坚实的技术支撑,促进河流生态系统的健康与可持续发展。

5.4　小结与分析

在政策层面,全球砂石资源需求激增,但是无序开采导致生态破坏,多国采取政策限制河砂开采。欧洲(如法国、意大利)和美国均通过立法限制或禁止河砂开采,因此面临砂石资源供给挑战。我国虽然加强河道保护,但是西部等偏远地区仍依赖河砂供给,亟须制定科学、节约、可持续的开采政策。河砂权属、许可方式和收益使用成为管理关键,明确由水利部还是自然资源部主导管理当前还有待进一步明确。采砂许可方式多样,需要科学选择以保障公平和效率。采砂权交易与作业交易并存,探索统一开采管理模式成为趋势,以提高市场规范性。非法采砂行为需要通过严格行政处罚和入刑双重手段打击,以维护河道安全和资源合理利用。

在管理层面,河道采砂工作需要重视采砂规划的编制与落实,确保科学性和时效性,避免超长期规划。同时,需要推广河道砂石采运管理单制度,提高信息化管理水平,有效打击非法采砂行为。需要夯实管理能力建设,强化机构设置和联合执法机制,特别针对采砂船舶进行系统管理。针对村民自用砂石管理,需要明确监管标准,防止以自用名义非法采砂,通过统一采砂、定量分配、提高处罚力度、人防技防结合等措施,实现砂石资源的有效监管与河道生态安全的保障。

在技术层面,针对当前发证单位与采砂企业在采砂范围、深度、总量控制上的不足,尤其是水下采砂的监管漏洞,必须明确采区现场管理的具体要求,包括建立健全的现场管理机构,完善管理制度,落实责任与经费,并通过公示公告、优化施工方案、加强业务培训、定期测量放线、严格设备和人员管理、报审与抽验、采储分离、修复与验收等方面,全面规范采砂活动。同时,打造实用高效、互联互通的信息化平台,利用现代信息技术实现采砂作业、运输和储砂点的全天候动态监控,并加强部门间涉砂信息互通,提升管理效率。针对采砂后评估和修复的技术挑战,应建立一套科学系统的技术体系,涵盖生态影响评估、修复技术与材料研发、长期监测评估机制及跨学科合作,以全面恢复受损河道生态系统,确保河流健康与可持续发展。

第 6 章　长江上游河道采砂管理政策建议

6.1　河道采砂管理现有法规体系

河道采砂管理作为水资源保护与合理利用的重要组成部分,其法规体系的完善程度直接影响河道的生态平衡、防洪安全和航运功能的正常发挥。在我国,虽然尚未有一部全面覆盖全国河道采砂管理的综合性法律或行政法规,但是经过数十年的努力,已构建起一套以国家级法律法规为核心,以地方性法规规章和部门规章为补充的多元化法规体系。以下是对这一法规体系的深入解析。

6.1.1　国家层面法律法规

自 20 世纪中后期以来,随着经济社会的发展和基础设施建设的加速,河道砂石资源的需求量急剧上升,河道采砂活动日益频繁,对河道生态环境和防洪安全构成了严重威胁。为此,国家层面相继出台了一系列法律法规,以规范河道采砂行为,保障河道安全。1988 年,《河道管理条例》和《水法》的实施,标志着我国河道采砂管理法治化的初步形成。这两部法律不仅明确了河道采砂的审批程序和法律责任,还规定了河道管理范围内的禁止性行为,为后续的河道采砂管理提供了基本的法律框架。进入 21 世纪,随着国家对生态环境保护的重视程度不断提升,河道采砂管理的法律法规体系也进一步完善。2002 年,《长江河道采砂管理条例》的颁布,标志着我国河道采砂管理进入了法治化的新阶段。该条例不仅规定了长江河道采砂的管理体制、规划制度、许可制度、监督管理、综合执法等方面的内容,还明确了长江河道采砂的"长江模式",为其他河流的采砂管理提供了有益的借鉴。此后,《中华人民共和国治安管理处罚法》《中华人民共和国航道法》等法律法规的出台,进一步细化了河道采砂管理的法律条款,明确了非法采砂行为的法律责任和处罚措施,为河道采砂管理的法治化、规范化提供了更加坚实的法律保障。特别是 2021 年施行的《长江保护法》,更是将长江流域的河道采砂管理提升到了国家战略的高度。《长江保护法》不仅建立了长江流域河道采砂规划和许可制度,还明确规定了禁止采砂区和禁止采砂期,对非法采砂行为进行了严厉的打击;同时,还强调了河道采砂管理应坚持生态优先、绿色发展原则,体现了国家对生态环境保护的坚定决心。

6.1.2 部门规章

在部门规章方面,国务院相关部委根据国家法律法规的授权,结合河道采砂管理的实际需要,制定了一系列部门规章和规范性文件。这些规章和文件不仅涵盖了河道采砂管理的各个方面,还针对特定问题进行了详细的规定。例如,水利部、财政部、国家物价局联合发布的《河道采砂收费管理办法》,明确了河道采砂费用的收取标准、使用范围和监管机制,为河道采砂管理的经济手段提供了法律支持;水利部发布的《长江河道采砂管理条例实施办法》,对长江河道采砂管理的具体操作进行了详细规定,包括采砂规划、许可审批、监督管理、执法检查等方面,为长江河道采砂管理的规范化、精细化提供了有力的法律保障。

此外,部委规范性文件也发挥了重要作用。这些文件不仅补充了部门规章的不足,还针对特定问题提出了具体的解决方案。例如,水利部发布的《关于河道采砂管理工作的指导意见》,针对河道采砂管理中存在的问题,提出了加强组织领导、完善法律法规、强化监管执法等具体措施,为河道采砂管理的改进和提升提供了有效的指导。

6.1.3 地方性法规规章

在地方性法规规章方面,长江上游的四川、湖北、重庆、西藏等地根据当地实际情况,出台了多部河道采砂管理地方性法规(表 6.1-1)。这些法规不仅结合了当地河道采砂的特点和实际需求,还针对特定问题进行了详细的规定。例如,《四川省河道采砂管理条例》明确了四川省内河道采砂的管理范围、审批程序、法律责任等方面的问题,为四川省河道采砂管理的规范化提供了法律保障;《湖北省河道采砂管理条例》则对湖北省内河道采砂的规划、许可、监管等方面进行了详细规定,为湖北省河道采砂管理的精细化提供了有力的法律支持。

此外,部分地市根据辖区河道采砂和疏浚砂利用情况,颁布了相关的河道采砂管理条例、规章、办法等(表 6.1-2)。这些地方性法规规章的出台和实施,不仅为当地河道采砂管理提供了法律保障,还促进了当地经济社会的可持续发展,同时也为国家层面法律法规的完善提供了有益的参考和借鉴。

表 6.1-1　　　　　　省(自治区、直辖市)采砂管理地方性法规、规章情况

省(自治区、直辖市)	地方性法规名称	备注
青海	《关于进一步加强禁采砂金工作的意见》	青海省国土资源厅,2014 年 6 月 30 日
陕西	《陕西省河道采砂管理办法》	2004 年 8 月 1 日施行; 2012 年 2 月 22 日修正
四川	《四川省河道采砂管理条例》	2015 年 10 月 1 日施行
贵州	《贵州省河道采砂收费管理实施办法》	2007 年 4 月 1 日施行
云南	无	参照《河道管理条例》部分要求执行
重庆	《重庆市河道采砂管理办法》	2003 年 12 月 1 日施行; 2018 年 7 月 26 日修订
西藏	《西藏自治区河道采砂管理办法》	参照《河道管理条例》部分要求执行
湖北	《湖北省河道采砂管理条例》	

表 6.1-2　　　　长江上游各省(自治区、直辖市)关于疏浚砂管理的相关政策文件

省(自治区、直辖市)	相关政策
湖北	《湖北省河道疏浚砂综合利用管理办法》:市(州)或县(市、区)人民政府为疏浚砂综合利用项目组织实施和现场管理的责任主体,应结合本地重点基础设施和民生工程建设年度河道砂石需求总量,在优先使用并规范实施规划可采区的基础上,组织编制疏浚砂综合利用实施方案,向具有审批权限的水行政主管部门提出疏浚砂综合利用申请; 市(州)或县(市、区)人民政府应当采取公开招标、竞争性谈判或者按照政企分开原则依法实行统一经营,确定疏浚砂综合利用项目实施单位,履行报批手续
重庆	《重庆市河道管理条例》:市、区县(自治县)水行政主管部门应当组织编制河道保护利用规划,经征求有关部门意见后,报本级人民政府批准后实施。河道保护利用规划应当服从流域综合规划、区域综合规划和防洪规划。航道、港口以及涉及河道的渔业、城乡建设等规划应当与河道保护利用规划相衔接。有关部门在编制上述规划时,应当征求水行政主管部门的意见; 区县(自治县)水行政主管部门应当组织营造护堤护岸林,减轻堤防护岸冲刷,保护堤防护岸安全,防止岸坡水土流失,美化河道水域环境

续表

省（自治区、直辖市）	相关政策
四川	《四川省河道管理办法》：河道防汛和清障工作实行地方人民政府行政首长负责制。河道的整治与建设，必须服从流域综合规划，符合国家规定的防洪标准、通航标准和其他有关技术要求。修建开发水利、防治水害、整治河道的各类工程和跨河、穿河、穿堤、临河的桥梁、码头、道路、渡口、管道、缆线等建筑物及设施，建设单位必须按照河道管理权限，将工程建设方案报送河道主管机关审查同意后，方可按基本建设程序履行审批手续
贵州	《贵州省河道条例》：河道的整治应当符合河道相关专业规划，维护堤防安全，保持河势稳定和行洪、航运的通畅。县级以上人民政府应当对非法排污、设障、捕捞、养殖、采砂、采矿、围垦、侵占水域岸线等活动进行清理整治。县级以上人民政府交通运输行政主管部门进行航道整治，应当符合防洪安全要求，并事先征求同级人民政府水行政主管部门对有关设计和计划的意见。县级以上人民政府水行政主管部门进行河道整治，涉及航道的，应当兼顾航运的需要，并事先征求同级人民政府交通运输行政主管部门对有关设计和计划的意见。在重要的渔业水域进行河道、航道整治，建设单位应当兼顾渔业发展的需要，并事先征求同级渔业主管部门对有关设计和计划的意见
云南	对于河道疏浚类砂石管理未作规定
西藏	《西藏自治区河道采砂管理办法》：因吹填固基、整治疏浚河道和涉水工程进行河道采砂的（以下称工程性采砂），不需要办理河道采砂许可，但是应当按照《河道采砂规划编制与实施监督管理技术规范》（SL/T 423—2021）要求编制采砂可行性论证报告，报经县级以上人民政府水行政主管部门批复同意。工程性采砂审批权限同河道采砂许可分级权限； 吹填固基、整治疏浚河道和涉水工程等工程项目未经有管辖权限的主管机关批准同意前，不得先行批准同意工程性采砂
青海	《青海省"河湖长制""生态警长制"联动机制工作方案》

当前，无论是国家层面法律法规，还是部委规章、规范性文件，虽然对河道采砂管理多有涉及，但是未形成统一法典，没有形成完整的采砂管理法律体系；各省（自治区、直辖市）充分发挥地方立法优势，在地方性法规与政府规章上有所创新、有所突破，但是各地在体现地方特色的同时却难以上下兼顾、统筹协调，地方立法作为国家采砂管理法律制度的有力补充，为地方采砂管理发挥了重要作用，却难撑起全国采砂管理的法律基础。

6.2 长江河道采砂管理成效

2001 年 10 月,国务院正式颁布了我国历史上第一部专门针对单一河道采砂管理的法规——《长江河道采砂管理条例》,标志着我国在长江河道采砂管理领域迈出了法治化的关键一步。自该条例颁布并实施以来,其法律支撑作用显著,为长江河道采砂管理的规范化、科学化奠定了坚实基础。水利部、长江委和沿江各级水行政主管部门,在各级政府的坚强领导和大力支持下,协同长江航道、海事、公安等部门,共同构建了多方联动、协同作战的管理格局。在此格局下,长江河道采砂管理经历了从无序到有序、从多头管理到统一管理、从全面禁采到依法科学开采的深刻转变,开创了独具特色的"长江模式",采砂管理秩序显著优化、稳定向好,为长江流域的经济社会发展提供了坚实的支撑和保障。

在河道采砂管理方面取得的显著成效,具体体现在以下几个方面。

(1)管理体制机制得以理顺,职责明确

依据《长江河道采砂管理条例》,长江河道采砂管理实行了地方人民政府行政首长负责制。历经多年的实践探索,长江干流 8 个省(自治区、直辖市)逐步形成了"政府负总责、水利为主导、多部门配合"的高效管理体制机制。这一机制有效解决了多头管理、无序开采的问题,实现了河道采砂管理的统一、有序。

(2)采砂管理规划制度得以建立,许可制度得以落实,采砂管理进一步规范

依据条例要求,长江委在充分考虑河道特性、变化规律、来沙情势,以及航运、生态环境、渔业、水资源和岸线保护等多个方面需求的基础上,广泛征求各方意见,编制并经批准了一系列干流河道采砂规划。这些规划明确划定了禁采区、可采区、保留区,确定了年度控制开采总量,为长江采砂的科学管理提供了有力的技术支撑。同时,采砂许可制度得到严格执行,通过加强对许可采区的现场监管,实现了采砂总量和许可采区的双重控制,推动了长江采砂管理的科学化、精细化。

(3)能力建设不断加强,监管及联合执法力度持续加大,采砂秩序显著改善

多年来,长江委及沿江各级水行政主管部门不断加强受理举报、明察暗访、执法监督等工作力度,并在长江海事、航道、公安等部门的密切配合下,持续开展打击非法采砂的专项行动。这些行动始终保持了对非法采砂的高压态势,有力震慑了非法采砂行为,有效维护了正常的采砂管理秩序。此外,重庆、湖北、四川等地在非法采砂入刑方面进行了大胆探索和实践,为最高人民法院和最高人民检察院出台关于非法采砂入刑的司法解释奠定了坚实基础。同时,长江采砂执法能力不断提升,部分省份的采砂管理能力建设正朝着高标准、规范化、现代化的方向迈进。此外,长江委还组织

开展了长效机制、诚信体系建设、突发事件应急机制、非法采砂入刑等基础性研究,不断完善采砂管理理论体系。长江委及沿江各级水行政主管部门与长江海事、航道、公安等部门紧密合作,共同打击非法采砂行为,完善了采砂管理执行层面的合作机制,开展了常态化的联合巡查。省际交界水域边界联动机制、联席会议制度相继建立,共同维护了省际边界河段的采砂管理秩序,取得了显著成效。

(4)采砂管理法规体系不断完善

虽然 2002 年修订的《水法》和 2004 年实施的《中华人民共和国行政许可法》对河道采砂管理提出了原则性要求,但是具体操作层面的实施办法和许可制度还需要细化。而《长江河道采砂管理条例》则对河道采砂许可的程序、条件、权限、办法等作出了具体规定,增强了可操作性。同时,水利部及长江委和沿江有关省(自治区、直辖市)水行政主管部门相继制定了一系列相配套的规章制度,对完善河道采砂管理的许可制度起到了重要作用。此外,在长江河道采砂管理的多年中,水利部和有关部委还相继出台了一系列采砂管理的法规、规范性文件;长江委和沿江各地也相继制定了日常巡查、采砂许可、可采区监管、责任制监督考核等一系列规章制度和规范性文件;大部分省(自治区、直辖市)还针对本行政区域内河流河道采砂出台了地方性法规或政府规章。这些法规和规章的出台和实施,进一步丰富了"长江模式"的内涵和外延。

2023 年 7 月,国务院对《长江河道采砂管理条例》等部分行政法规进行了修改和废止,进一步强化了开采、运输、收购、销售等环节的监管力度,细化了非法采砂等违法违规行为的处罚标准,并明确了相关刑事责任。修订后的条例为新形势下的长江河道采砂管理提供了更加全面、更加严格的法律保障。

综上所述,《长江河道采砂管理条例》及其实施过程中的一系列举措和实践探索,不仅为长江河道采砂管理提供了科学、有效的制度保障和管理模式,还为其他河流采砂管理及全国河道采砂管理立法提供了诸多有益的经验和启示。

6.3　河道采砂管理立法建议

6.3.1　管理体制方面

河道采砂管理是一项错综复杂且责任重大的任务。它牵涉到众多政府部门的协同合作。目前,在全国范围内,河道采砂管理普遍面临体制不顺的难题,主要体现在部门间职责划分不够明确,责权利关系不一致,这极大地阻碍了管理效率的提升。更为严重的是,部分地方政府在此问题上的站位不够高远,未能充分落实河道采砂管理的地方行政首长负责制。即便是在已经实施了行政首长负责制的地方,也往往因为相关规定不够具体,责任追究制度不够明确,实际执行效果大打折扣。针对这一现状,中央推行的河湖长制相关意见明确指出,各级河湖长是其所负责河湖管理保护的直接责任人,不仅要组织领导相应河湖的管理和保护工作,还要牵头组织对包括非法采砂在内的各类突出问题进行依法清理整治。这一制度的实施,为河道采砂管理提供了新的契机,也提出了更高的要求。

因此,在立法过程中,必须对管理体制中的部门责权利进行清晰明确的说明,并着重强调地方行政首长负责制的重要性,同时明确责任追究制度,确保各项规定能够得到有效执行。具体而言,应以法律法规的形式进一步明确河湖长的责任,推动河湖长制与采砂管理责任制的有机结合,形成更加科学、合理的管理体系。

关于行政首长负责制,建议河道采砂管理全面实行地方人民政府行政首长负责制。县级以上人民政府应切实加强对本行政区域内河道采砂管理工作的领导,将河道采砂管理纳入河湖长制管理体系,建立健全河道采砂管理的督察、通报、考核、问责等制度,确保各项管理措施得到有效落实。

关于部门责权利方面,建议明确划分各部门的职责范围。国务院水行政主管部门应负责全国河道采砂的统一管理和监督检查工作;县级以上地方人民政府水行政主管部门具体负责本行政区域内所管辖的河道采砂管理和监督检查工作。同时,交通运输主管部门应加强对采(运)砂船舶(车辆)的管理,依法查处证照不齐全的采(运)砂船舶(车辆)、非法码头,打击违法运输砂石等行为。公安机关负责依法处置河道采砂活动中的非法采砂、无证驾驶船舶(车辆)、妨害公务等治安违法和犯罪行为。此外,船舶工业、标准化主管部门负责采(运)砂船舶建造和改造的管理;生态环境、自然资源、农业农村、市场监管等主管部门应按照各自职责,依法做好河道采砂相关监督管理工作。

为进一步提升管理效率,建议河道采砂管理实行按流域统一管理和按行政区域分级管理相结合的管理体制。在具体实施过程中,应根据地方与流域管理机构各自的河道管理权限对河道采砂实行分级管理,确保各项管理措施能够精准到位、有效实施。这些体制改革和制度创新,可以推动河道采砂管理工作迈上新的台阶,为生态环境的保护和可持续发展贡献力量。

6.3.2 采砂规划方面

当前,全国范围内在河道采砂规划方面尚未形成统一的制度框架,这一现状导致了多种问题的并存。具体而言,采砂规划方面主要存在以下四类显著问题:①部分区域监督管理机制不健全,导致未能及时编制采砂规划,使得采砂活动缺乏科学合理的指导;②选择将河道采砂规划调整为年度开采计划,而非编制长期规划,这种做法虽然有灵活性,但是也可能削弱规划的全面性和前瞻性;③在已经编制了采砂规划的地区,由于规划编制的质量参差不齐,部分规划难以有效指导采砂活动的科学实施;④已编制的采砂规划往往缺乏足够的刚性约束,在执行过程中随意性强,导致规划的实际效果大打折扣。鉴于上述问题,在立法中明确规定河道采砂实行统一规划制度显得尤为重要,将不仅有助于提升规划的科学性和合理性,还能增强规划的权威性和执行力。为此,提出以下具体建议。

建议国家层面制定并实施河道采砂统一规划制度,确保全国范围内的采砂活动在统一规划、统一管理的框架下进行,以实现资源的可持续利用和生态环境的有效保护。

在规划编制主体方面,建议明确流域管理机构、省级水行政主管部门、县级以上水行政主管部门三级作为编制主体,按照各级河道管理权限组织编制采砂规划。具体而言,第一层级的规划由国家确定的重要江河、湖泊的河道采砂规划组成,由流域管理机构负责编制;第二层级的规划涵盖跨省(自治区、直辖市)的其他江河、湖泊的河道采砂规划,由流域管理机构协调相关省(自治区、直辖市)水行政主管部门共同编制;第三层级的规划包括其他河道采砂规划,由县级以上水行政主管部门按照河道管理权限编制。在编制过程中,应充分征求交通运输、生态环境、自然资源、公安、农业农村等主管部门的意见和建议,确保规划内容的全面性和科学性。

在规划内容方面,建议明确河道采砂规划应至少包含以下关键要素:明确划定禁采区和可采区,必要时设置保留区以保护生态环境和河道安全;确定禁采期和可采期,以平衡采砂需求与生态保护;设定年度采砂控制总量和开采深度,确保资源可持续利用;规定采砂方式和采砂机具的控制要求,以减少对河道的破坏;控制沿岸堆砂场的数量和布局,防止堆砂场过多影响河道行洪和生态环境;明确弃料处理和现场清理要求,保持河道整洁;根据国务院水行政主管部门、自然资源主管部门、交通运输主管部门、生态环保主管部门等的相关规定,纳入其他必要内容。

在规划执行方面,建议实施严格的刚性管理制度。河道采砂规划一经批准,必须严格执行,任何修改均需要按照规划编制程序经原审查批准机关批准。同时,应建立健全规划执行的监督机制,加强对规划执行情况的检查和评估,确保规划得到有效落实。对于违反规划的行为,应依法依规进行查处,维护规划的权威性和执行力。

6.3.3　采砂许可方面

当前,全国范围内采砂许可制度呈现出多样化的特点,主要存在两种许可方式。一种是广泛采用的市场化竞争方式,即"招标、拍卖、挂牌"(简称"招拍挂")模式,该模式因其公开透明、竞争激烈的特性,在西藏、云南等多个省份占据主导地位,成为当前采砂许可的主流形式。另一种是政府主导的方式,虽然目前采用此方式的地区相对较少,但是该模式是基于长期采砂管理的实践经验提出的创新模式。

"招拍挂"的许可方式,虽然在一定程度上体现了市场竞争的公平性,但是在实际操作中却难以避免采砂业主间的恶性竞争。这种竞争不仅加剧了市场的无序状态,还增加了采砂许可后偷采多采的风险,使得监管难度进一步加大。更为严重的是,部分采砂许可中标后,中标者将许可权转手买卖,扰乱了市场秩序,更使得原本就复杂的监管工作雪上加霜,有效监管变得更为困难。

相比之下,政府主导的许可方式展现出了独特的优势。该方式通过政府的统一规划和管理,大大降低了行政管理成本,有效控制了砂石的市场价格,维护了良好的采砂管理秩序。同时,政府主导下的采砂过程监管也更为便利,为根治采砂市场的混乱局面提供了一种新的、更为有效的思路。然而,当前的采砂许可制度还存在一个显著的问题,即未对经营性采砂和公益性采砂进行明确区分。这种模糊的界定导致在实际工作中,对于类似清淤疏浚等公益性采砂的管理存在诸多困难和不便,不仅增加了管理成本,还降低了公益性采砂的可操作性,影响了河道治理和生态修复工作的顺利进行。

针对上述采砂许可中存在的问题,提出以下建议。

①在河道采砂许可程序中,除了按照市场原则规范招标、拍卖等环节外,应逐步推行政府统一经营模式。该模式通过政府的统采统销,可以有效减少监管环节的风险,提高管理效率。同时,建议在立法中鼓励采用政府主导的许可方式,但是并不排除其他市场化方式的存在,以实现多元化、灵活化的管理。

②采砂许可中实行分级管理,明确区分经营性采砂和清淤疏浚等非经营性采砂。通过制定详细的分类标准和监管措施,确保各类采砂活动都能在合法、有序、可控的框架内进行。这不仅可以提高管理效率,还能更好地保护河道的生态环境,实现社会效益、生态效益和经济效益的协调发展。

6.3.4 现场监管方面

建议全面建立并优化采砂管理工作档案体系,以确保采砂活动的规范化、透明化管理。县级以上河道管理单位应高度重视此项工作,明确专人负责管理许可证的发放,并妥善保存所有相关资料和记录,包括采砂申请、审批文件、许可证发放记录、日常监管记录、违法违规行为查处情况等,形成完整、连续的档案管理链条,为后续监管和决策提供坚实的数据支持。

针对采砂和疏浚活动,应进一步细化实施方案和具体要求,明确界定两者之间的界限,防止不法分子以疏浚名义进行偷采、破坏河道资源。为此,需要制定严格的作业标准和监管措施,确保所有采砂和疏浚活动都在合法、合规的框架内进行。在强化对采运砂船舶、车辆的管控方面,建议采取以下措施。

①明确相关部门职责,建立健全联合执法机制,加大对"三无"船舶的查处力度,坚决打击非法采砂行为。

②对现有企业新建、改建采运砂船舶进行严格规范,确保所有船舶符合国家安全标准、环保标准和作业标准,从源头上减少安全隐患和环境污染。

③政府应出台一系列财政、金融、政府采购等激励措施,鼓励和支持过剩采砂船舶、采砂机具的拆解工作,同时引导和帮助采砂从业人员转产就业,实现行业的健康转型。

④实行采砂船舶集中停靠制度,合理规划停靠区域,探索引进政府购买第三方服务或社会商业保险模式。由第三方专业机构负责看管停靠的船舶,并对所停靠的船舶进行投保,一旦发生海损事故,可通过保险理赔机制减轻水行政主管部门的看管压力。

⑤推行砂石采运管理单制度,从产、运、销各环节加强采砂活动的监管。对于采砂船舶,应明确其非作业期的集中停放地,确保所有船舶在非作业期间都能得到妥善管理。

建立完善的采砂管理工作档案体系、细化采砂和疏浚方案要求、强化采运砂船舶和车辆的管控措施,可以更有效地规范采砂活动,保护河道资源,维护生态环境安全。

6.3.5　采砂管理及执法保障方面

为了进一步提升采砂管理的专业化水平,确保各项管理措施得到有效落实,建议将水利部关于采砂管理执法队伍建设的"四个专门"要求正式写入法律条文。

(1)要求各级人民政府进一步明确采砂管理机构

要在政府层面设立专门的采砂管理机构,负责统筹协调、监督指导本行政区域内的采砂管理工作,确保各项政策、措施得到有效执行。

(2)要求配备采砂管理专职人员

采砂管理专职人员应具备相关的专业知识和执法能力,能够熟练掌握采砂管理的法律法规和业务流程,为采砂管理工作提供坚实的人才保障。

(3)要求落实采砂管理经费与设备

各级人民政府应加大对采砂管理工作的投入,确保有足够的经费用于采砂管理的日常运作、执法装备购置、人员培训等方面,同时提供必要的执法设备,如执法车辆、船只、监测设备等,以提升执法效率和准确性。

（4）要求持续加强采砂管理能力建设

加强采砂管理人员的培训和教育，提升他们的法律素养和执法能力；加强信息化建设，利用现代信息技术手段提高采砂管理的智能化水平；加强与社会各界的沟通协调，形成合力共同推进采砂管理工作。

将"四个专门"要求写入法律条文，不仅是对当前采砂管理实践的总结和提炼，还是对未来采砂管理工作发展的指导和引领。通过立法手段强化采砂管理的专业化、规范化建设，将为保护河道资源、维护生态环境安全提供有力的法治保障。

6.3.6　非法采砂执法及处罚方面

当前，针对非法采砂行为的处罚机制尚存在明显短板，主要体现在处罚方式单一、强制性措施缺失、处罚力度不足等方面。具体而言，现行处罚主要以罚款为主，这种单一的处罚手段难以对非法采砂活动形成有效遏制。一方面，缺乏针对采砂机具这一非法采砂核心要素的强制性控制措施，即便执行罚款，非法采砂者仍可通过更换机具等方式继续从事违法活动，从而削弱了处罚的威慑力。另一方面，罚款金额设置偏低，与非法采砂可能获取的暴利相比，显得微不足道，这无疑降低了违法成本，使得处罚难以达到预期效果。此外，非法采砂打击行动中常常只能抓获基层操作人员，而真正的采砂组织者往往能够逃避法律制裁，这不仅使得打击行动难以触及根本，也纵容了幕后黑手继续操纵非法采砂活动。针对上述非法采砂执法和处罚中的难点与痛点，提出以下建议以强化立法和执法力度。

①建议在立法中加大对非法采砂行为的行政处罚力度，并赋予水行政主管部门更多、更有效的强制措施，包括责令停产停业、查封、扣押非法采砂机具，以及代履行等，以确保执法部门在面对非法采砂行为时能够迅速、有力地采取行动，形成强大的法律威慑力。这些强制性措施可以有效切断非法采砂的物质基础，从源头上遏制非法采砂活动的蔓延。

②建议在立法中增大对非法采砂的处罚金额，确保罚款数额与非法采砂可能获取的收益相匹配，实现过罚相当。同时，对罚款数量、没收非法所得等进行细化规定，明确没收程序和执行部门。鉴于水行政部门在操作上的局限性，建议引入公安部门参与没收工作，以强化执法力度和执行力。

③针对组织、指挥、领导非法采砂的个人和组织，建议在立法中明确规定可以按照非法采矿罪从重处罚，旨在打击非法采砂活动的幕后黑手，切断其资金链和利益链，从根本上瓦解非法采砂活动的组织架构和运作机制。

完善立法、强化执法力度和细化处罚措施，可以有效提升对非法采砂行为的打击效果，维护河道资源的安全和生态环境的稳定。

6.3.7 河道砂石资源费征收与管理

砂石作为一种宝贵的自然资源,其合理开采与利用对于保障国家基础设施建设、促进经济发展具有重要意义。然而,当前河道采砂管理中面临的经费短缺、人员不足等问题,严重制约了管理工作的有效开展。为此,提出在立法中明确河道砂石资源费征收与管理的建议,以期为解决上述问题提供法治保障。具体而言,河道砂石资源费的征收与管理应涵盖以下几个方面。

(1)征收主体与职责明确

建议在立法中明确规定河道砂石资源费的征收主体,通常是具有河道管理职能的水行政主管部门或其委托的机构。同时,应明确征收主体的职责,包括制订详细的征收计划、监督征收执行情况、定期公布征收信息等,以确保征收工作的规范化、透明化。

(2)收费标准与方式的科学设定

在立法中,应科学设定河道砂石资源费的收费标准,应充分考虑砂石资源的稀缺性、开采成本、市场需求,以及环境保护等因素,确保既能够反映砂石资源的真实价值,又能够引导采砂者合理开采、节约资源。此外,还应明确收费方式,如采用预付费、按量计费、定期结算等方式,以适应不同采砂活动的特点,确保收费的公平性和可操作性。

(3)资金用途的严格规定

河道砂石资源费的应用应严格限定在河道采砂管理的相关领域。具体而言,应包括以下几个方面:①河道采砂监督管理,包括日常巡查、执法检查等,以确保采砂活动的合法性和规范性;②河道采砂规划的编制或修订,为采砂活动提供科学依据;③河道监测和分析论证等基础工作,为河道管理提供数据支持;④河道维护管理,包括河道疏浚、堤防加固等,以保障河道的安全和稳定。

(4)资金监管与审计制度的建立

为确保河道砂石资源费的合理使用,建议在立法中建立资金监管与审计制度,包括设立专门的资金监管机构,对资金的使用情况进行定期审计和检查;同时,应建立信息公开制度,定期公布资金使用情况,接受社会监督。这些措施可以确保资金使用的合法性和有效性,防止资金滥用和浪费。

通过立法明确河道砂石资源费的征收与管理,不仅可以解决当前河道采砂管理中的经费短缺、人员不足等问题,还可以促进砂石资源的合理开采与利用,为经济社会可持续发展提供有力保障。

6.4 小结与分析

我国目前尚未制定专门针对全国河道采砂管理的综合性法律或行政法规,相关规定分散于《水法》《防洪法》《河道管理条例》等法律法规和地方性法规、规章中。这些法律法规的出台和实施,有力地支持了河道采砂管理工作,维护了河道稳定、防洪安全、航道畅通和水生态环境安全。国家层面的法律法规如《长江河道采砂管理条例》开启了河道采砂管理的"长江模式",地方层面的法规如《四川省河道采砂管理条例》和《重庆市河道采砂管理办法》也发挥了重要作用。然而,虽然取得了一定成效,但是全国范围内仍缺乏统一的采砂规划制度和完整的采砂管理法律体系,地方立法在体现特色的同时难以统筹协调。

在管理体制方面,建议明确河道采砂管理实行地方人民政府行政首长负责制,健全督察、通报、考核、问责制度,明确各部门的职责和权力,推动河湖长制与采砂管理责任制有机结合。在采砂规划方面,建议国家对河道采砂实行统一规划制度,明确规划编制的主体、内容、程序等,确保规划的科学性和执行力。在采砂许可方面,建议逐步推行政府统一经营模式,减少监管环节风险,区分经营性采砂和公益性采砂,提高管理效率和可操作性。这些措施可以进一步完善长江上游河道采砂管理的法律体系,确保采砂活动的科学、有序、可持续发展。为加强河道采砂管理,建议建立采砂管理工作档案,指定专人发放管理许可证并保存相关资料;细化采砂和疏浚方案,避免以疏浚名义偷采、破坏;强化对采运砂船舶、车辆的管控,明确相关部门职责,加大对"三无"船舶的处理力度,规范现有企业新建、改建采运砂船舶,通过财政、金融、政府采购等措施拆解过剩采砂船舶,实行采砂船舶集中停靠制度,并推行砂石采运管理单制度。在采砂管理及执法保障方面,建议在立法中对非法采砂行为进行准确定性与界定,明确采砂管理机构和专职人员,落实经费与设备,加大采砂管理能力建设。针对非法采砂执法和处罚,建议加大对非法采砂行为的行政处罚力度,赋予水行政主管部门强制措施,增大处罚金额,引入公安部门参与打击行动,对组织、指挥、领导非法采砂的个人和组织从重处罚。此外,建议在立法中明确河道砂石资源费的征收与管理,包括征收主体、收费标准和收费方式,确保资源费用于河道采砂监督管理、执法检查、规划编制、河道监测和维护管理。

第7章　长江上游典型河段采砂规划与监管实践

7.1　金沙江（玉龙香格里拉段）河道砂石资源

7.1.1　地理特征

金沙江流域（包括通天河、沱沱河）面积 47.32 万 km²，从青海省河源至四川省宜宾市干流全长约 3500km，总落差 5142.5m。上起直门达，以石鼓镇和攀枝花为界，金沙江干流分上、中、下三段。直门达至石鼓镇为上段，石鼓镇至攀枝花市为中段，攀枝花市至宜宾市为下段（图 7.1-1）。

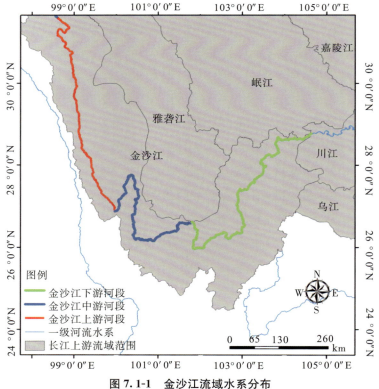

图 7.1-1　金沙江流域水系分布

采砂规划河段位于金沙江上中游交界段,其中石鼓镇以上干流长度约为 120km,石鼓镇以下干流长度约为 60km。该河段为云南省丽江市和香格里拉市界河,本书所指河段为河道右岸的云南省丽江市玉龙县一侧。金沙江干流自塔城乡北角流入玉龙县境内,流经 9 个乡镇,围绕玉龙县边界流程长度为 364km,集水面积为 5984.2km²。金沙江在玉龙县有 18 条较大的支流,集水面积在 100~1000km² 的支流有 8 条,集水面积在 50~100km² 的支流有 10 条。

7.1.2 水文特征

金沙江流域的径流补给主要来源于降水,从上游往下游逐步增大。径流年际变化随着流域面积的增大而趋于稳定。根据实测资料统计,直门达站多年平均径流量约为 130 亿 m³,石鼓站多年平均径流量约为 423 亿 m³,屏山站多年平均径流量约为 1424 亿 m³。

金沙江流域径流年内分配不均,汛期 6—10 月径流占年径流的比重上游大、中下游小。上游青藏高原地区,由于冬、春两季河流封冻,枯期径流很小,汛期径流比重较大。例如,上游沱沱河站汛期 6—10 月的径流占年径流的 91.0%,直门达站占全年的 81.5%,比较集中;而中下游的石鼓、金江街、攀枝花、巧家、屏山各站汛期 6—10 月径流所占年径流的比重在 74.1%~75.9%,枯期 12 月至次年 4 月径流平稳,各月相差较小,各月占全年的比重均在 2%~4%。

金沙江干流洪水主要由暴雨形成。金沙江上段年最大洪峰流量发生时间主要集中在 7—8 月,两个月出现年最大洪峰流量的频率占 85%;金沙江下段年最大洪峰流量发生时间主要集中在 8—9 月,两个月出现年最大洪峰流量的频率占 80%。金沙江的洪水主要来自雅砻江下游及石鼓、小得石—屏山区间。金沙江的汛期洪水总量一般约占宜昌以上洪水总量的 1/3,比例相对比较稳定。在长江 1954 年特大洪水中,金沙江 8 月的 30d 洪量占宜昌站洪量的 50%,7—8 月的 60d 洪量占宜昌站洪量的 46%。

选择规划区域内的石鼓水文站作为本规划区域的水文代表站(图 7.1-2),结合石鼓上、下游重点水文站进行水文特征分析。石鼓站控制面积约为 21 万 km²,统计从 1953 年开始至今的实测水位和流量(中间有少部分缺失),各年的流量测验、整编均按照全国实行的统一技术标准和相关规范、规定进行,可基本保障各测次结果精确度。

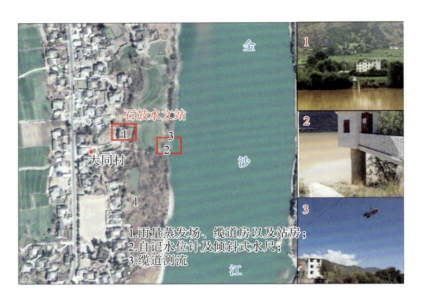

图 7.1-2　石鼓水文测站基本情况

由长序列实测数据可知,径流特征有以下几点。

(1)从上到下沿程增加,年际变化较小

金沙江上游的径流补给主要来源于降水,但是冰雪融水、地下水仍是基础。径流分布与降水的分布相应,从上到下沿程增加。直门达站多年平均径流深为 90.8mm,石鼓站多年平均径流深为 196mm,由于流域的降水量沿河流走向增大,因此从上到下的年径流量的增长率远大于集水面积的增长率。

从径流量年际变化来看,直门达站最大年径流量为 217 亿 m³(1989 年),最小年径流量为 66.2 亿 m³(1994 年),极值比为 3.3。石鼓站 1953—2017 年 65 年实测资料中,最大年径流量 546.3 亿 m³(1954 年)是年最小径流量 293.7 亿 m³(1994 年)的 1.9 倍,多年平均径流量约为 423 亿 m³。年径流的变异系数 CV 值(标准差与平均数的比值)随集水面积的增大而趋于稳定,上段直门达站的 CV 值为 0.30,直门达站以下逐渐减小,奔子栏水文站为 0.19,至中段的石鼓站时,CV 值已减小为 0.18,石鼓以下各站 CV 值基本稳定在 0.18 左右。

(2)年内分配十分不均

据石鼓站 1953—2017 年资料统计,在汛期 6—10 月中,多年平均 5 个月的径流量为 314.4 亿 m³,占年径流量的 74.4%,其中主汛期为 7—9 月,3 个月的径流量为 227.7 亿 m³,占年径流量的 53.9%。月径流量以 8 月的 80.2 亿 m³ 为最大,占年径流量的 19.0%。枯水期 11 月至次年 5 月,7 个月的多年平均径流量为 108.3 亿 m³,仅占全年径流量的 25.6%,其中以 2 月的 9.7 亿 m³ 为最小,仅占年径流量的 2.3%。

8 月平均流量是 2 月平均流量的 8.3 倍。石鼓水文站多年平均径流量年内分配见表 7.1-1。

表 7.1-1　　　　　　　　　　　石鼓水文站多年平均径流量年内分配

项目	1 月	2 月	3 月	4 月	5 月	6 月	7 月	8 月	9 月	10 月	11 月	12 月	合计
径流量 /亿 m³	11.7	9.7	11.1	14.6	23.9	42.9	76.9	80.2	70.6	43.8	22.5	14.8	422.7
比例 /%	2.8	2.3	2.6	3.5	5.7	10.1	18.2	19.0	16.7	10.4	5.3	3.5	100.0

金沙江流域由于地域广阔,各地区地形、气候及暴雨差异较大,洪水出现的时空分布不完全相应,大小序位也不尽相同,如直门达、石鼓的实测最大洪水分别发生在 1963 年、2005 年,而其他站均为 1966 年。

金沙江洪水,一方面洪峰模数较小,另一方面从上游往下游逐渐增大。直门达站洪峰均值模数为 $0.0147 \text{m}^3/(\text{s} \cdot \text{km}^2)$、石鼓站为 $0.0238 \text{m}^3/(\text{s} \cdot \text{km}^2)$、攀枝花站为 $0.0276 \text{m}^3/(\text{s} \cdot \text{km}^2)$、华弹站和屏山站分别为 $0.0387 \text{m}^3/(\text{s} \cdot \text{km}^2)$ 和 $0.0395 \text{m}^3/(\text{s} \cdot \text{km}^2)$。直门达以上属高原无暴雨地区,汛期洪水主要由降雨及融雪形成,洪水过程平缓,很少有孤立陡峭的洪峰。直门达以下,汛期多暴雨,强度大,形成峰高量大起伏连绵的多峰型洪水过程。

洪水主要发生在 6—10 月的汛期内,主汛期为 6—9 月,石鼓站在主汛期的 7、8、9 三个月内发生年最大洪水频次分别为 39.1%、37.7%、17.4%,主汛期 3 个月发生年最大洪水频次总和占比为 94.2%。

洪水过程历时由上游向下游递增,直门达站的年最大一次洪水过程的平均历时为 18d 左右,石鼓、攀枝花站为 30d 左右。洪水峰型上游以单峰为主,下游以复峰型为多。下游起涨流量也较上游更大,而且前一次洪水过程往往还未退尽,后一次洪水接着又开始起涨,所以从整个汛期洪水过程来看,主要以多峰型和叠加型洪水为主。据实测资料统计,金沙江流域洪水年际变化不大,较为稳定。石鼓水文站 1953—2017 年径流频率计算统计见表 7.1-2,年径流频率曲线见图 7.1-3。

表 7.1-2　　　　　　　石鼓水文站 1953—2017 年径流频率计算统计

站名	均值/亿 m³	CV	CS/CV	各频率设计径流量/亿 m³				
				5%	25%	50%	75%	95%
石鼓	423	0.18	2	555	471	418	369	306

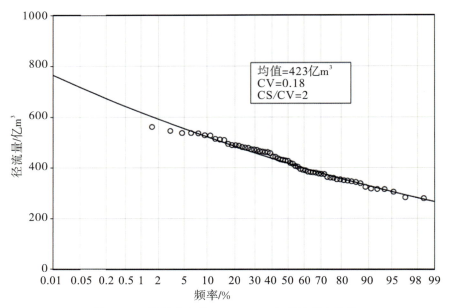

图 7.1-3　石鼓水文站 1953—2017 年径流频率曲线

　　1959 年 6 月,石鼓水文站组织人员对石鼓上、下 15km 长的河段进行了历史洪水调查;1965 年、1967 年长江流域规划办公室(以下简称"长办",现长江委)、石鼓水文站又对原调查河段进行了复查,共调查了 1892 年、1905 年、1924 年的洪水。长办调查结果显示,1892 年、1905 年和 1924 年历史洪水洪峰流量分别为 8750m^3/s、7850m^3/s 和 7070m^3/s。2018 年 11 月由于金沙江上游发生堰塞湖,堰塞湖泄流后石鼓站观测到的最大流量为 8380m^3/s(2018 年 11 月 15 日),接近历史最高洪峰流量。

7.1.3　生态环境

　　规划所在的金沙江流域玉龙县香格里拉段以金沙江相隔,地处滇西北高原横断山脉东南边缘,流域内自然环境优良,风景优美。金沙江自丽江玉龙县最北端的塔城入境,经过"三江并流"世界自然遗产——老君山,而后南流至石鼓转北上,过极为壮观的万里长江第一湾,经集险、奇、绝、秀于一体的大峡谷——虎跳峡,至北半球离赤道最近的冰川,被称为"现代冰川博物馆"和"植物王国"的玉龙雪山,一路风景雄奇壮观。

　　该段生态环境相对脆弱,人口过快增长和农耕地的短缺导致了长期以来盲目无序的毁林开垦、陡坡耕种、过度放牧,掠夺式的生产方式造成了生态环境的恶化。境内古生代二叠系玄武岩分布地区滑坡、泥石流等地质灾害多发,该地层出露区多为农耕区,人类活动相对集中,地形坡度适中,植被破坏较为严重,岩石风化强烈,雨季易形成地质灾害。

（1）植物资源

金沙江沿岸植被丰富，集云南横断山区域的主要植物物种，以及珍稀、濒危、特有类群，植被带分布主要为金沙江河谷亚热带灌丛植被带和河谷半山暖热性针阔叶植被带。

金沙江两岸海拔 1016～1700m 河谷地区为金沙江河谷亚热带灌丛植被带，植被具有多毛、多刺、叶小、角质厚的特点，如仙人掌、霸王鞭，在局部地段成林，栎树灌丛散布于裸岩隙地中，乔木有散生的攀枝花、红椿、罗望子，草本植被有山黄麻、毛大戟等，栽培植物有柑橘、芒果、龙眼、香蕉、芭蕉、荔枝、石榴、甜酸角、菠萝等。在海拔 1800～2100m 暖湿地区，植被以云南松为主，山箐沟谷中以滇青冈、黄毛青冈、高山栲为主，人工栽种的植物有柳树、核桃、板栗、梨、桉树，野生的植物有多种阔叶灌丛，草本植物有菅草、芦苇、白茅及其他禾本科杂草。

在金沙江河谷海拔 1400～2600m 及沿江两岸支流沟谷，气候温暖湿润，植被有云南松、长穗松、光叶栎、黄背栎、油杉、香樟、红椿、野核桃等，经济林木有漆树、核桃、板栗、桑树，以及多种果树，灌木丛有杜鹃、南烛、矮生胡枝子等，草本有旱茅、细柄草、铁线莲、野古草、黄背草，以及多种蕨类等。

（2）动物资源

金沙江流域玉龙香格里拉段野生动物资源丰富，其中分布国家重点保护的一类动物有滇金丝猴、野驴，二类保护动物有猕猴、小熊猫、金钱豹、云豹、原麝、林麝、黑麝、藏马鸡、毛冠鹿、绿尾虹雉、金猫、穿山甲等，三类保护动物有岩羊、青羊、血雉、铜鸡、白头鹞、小灵猫等，还有大量的珍贵高山蝴蝶资源。

长江是中国淡水鱼类最为丰富的水域之一，长江上游水域鱼类分布特点是特有种类的数量占比很大，分布区局限于长江上游水域的特有种类数量很多，共有 112 种，占上游鱼类总数的 42.9%。长江上游的经济鱼类主要是鲤（*Cyprinus carpio*）、圆口铜鱼（*Coreius guichenoti*）和铜鱼（*Coreius heterodon*），这几种鱼的产量占捕捞量的比例超过一半。根据调查，本规划河道金沙江干流河道虎跳峡是鱼类区系的自然分界线，峡口以上是典型的青藏高原冷水性鱼类，种类稀少，区系简单，有鱼类 30 余种，其中裂腹鱼亚科鱼类约 20 种，条鳅属约 10 种；峡口以下为青藏高原区和江河平原区交错过渡鱼类，鱼类资源比上游多。区域内无珍稀鱼类，没有分布鱼类的产卵场，支流没有大型的鱼类繁殖场，由于河陡流急，渔业不发达，对河流内的生物监测较少。

（3）湿地范围

根据《玉龙纳西族自治县林业和草原局关于将玉龙大草坝和金沙江玉龙县段水面建设为湿地保护小区的请示》（玉林报〔2019〕238 号）和《玉龙纳西族自治县人民政府关于将玉龙大草坝和金沙江玉龙县段水面建设为湿地保护小区的批复》（玉政复

〔2019〕63号)的相关文件,玉龙县拟将境内金沙江左以正常水域中心线为界,右以正常水位线为界建设为湿地小区。

拟建设的湿地小区范围与金沙江河道采砂规划范围大部分重合,根据《云南省湿地保护条例》第二十六条相关规定,湿地范围内禁止擅自挖砂、采石、取土、烧荒等行为。本规划的开展和实施能够有效地实现砂石资源的合理利用,同时兼顾对规划区域金沙江干流的清淤疏浚,给管理部门提供科学依据,有效地避免擅自挖砂、采石、取土、烧荒等违法行为的发生。同时规划在确定相应分区、控制开采条件的前提下,合理分析了采砂对河势、防洪、通航、生态环境、涉河工程等的影响,引导河势朝着稳定方向发展,对区域防洪起着积极有利的作用,规划的制定与实施对水域、滩涂的合理开发利用、生态环境保护提供了有力的科学支撑。

(4)自然保护地

规划范围内主要涉及丽江老君山自然保护区、丽江玉龙雪山自然保护区。上游河道右岸玉龙县境内分布有老君山国家公园、老君山国家风景名胜区、老君山国家地质公园,大致范围在黎明乡金庄河下游至石鼓镇冲江河上游右岸区域,不涉及金沙江干流,其中老君山国家公园范围面积为1085km²,老君山国家风景名胜区范围面积为1324km²,老君山国家地质公园范围面积为637km²(图7.1-4)。

图7.1-4　老君山国家公园、老君山国家风景名胜区、老君山国家地质公园范围

丽江玉龙雪山自然保护区位于金沙江河道右岸,香格里拉市硕多岗河口上游区域被纳入玉龙雪山自然保护区范围内。玉龙雪山自然保护区范围见图7.1-5。

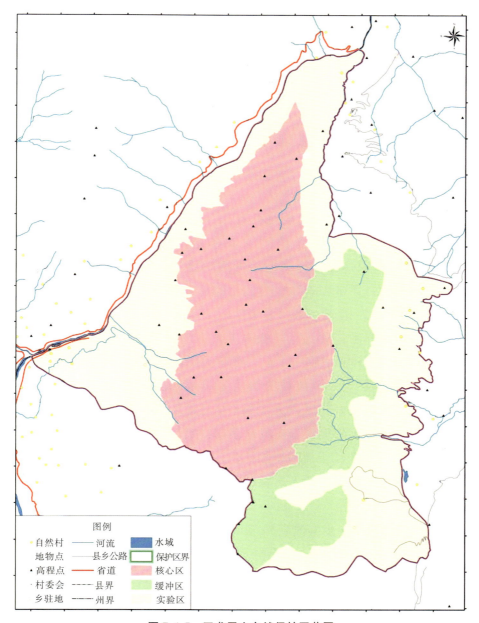

图例

符号	名称	符号	名称
自然村	河流		水域
地物点	县乡公路		保护区界
高程点	省道		核心区
村委会	县界		缓冲区
乡驻地	州界		实验区

图 7.1-5　玉龙雪山自然保护区范围

（5）河流水质

根据云南省水功能区划（2016年）成果,规划范围内金沙江干流主要涉及重要水功能区2个,其中保护区1个,为金沙江哈巴—玉龙雪山保护区;保留区1个,为金沙江香格里拉—玉龙保留区。根据2018年度"三条红线"考核结果,2个重要水功能区水质均达到水质目标要求(表 7.1-3)。

表 7.1-3 规划范围内重要水功能区基本情况

序号	一级水功能区	河流	长度/km	水质目标	起	止	区划依据	备注	现状水质达标情况
1	金沙江哈巴—玉龙雪山保护区	金沙江	75.0	I	玉龙龙蟠	玉龙达可	省级自然保护地	左岸迪庆,右岸丽江	达标
2	金沙江香格里拉—玉龙保留区	金沙江	208.6	I	丽江外塔城	龙蟠	开发利用程度较低	左岸迪庆,右岸丽江	达标

7.1.4 泥沙特征

金沙江干流石鼓以上区域集水面积为 21.4 万 km^2,交通不便,人烟稀少,人类活动少,多为草地、灌木、森林,植被较好,多年平均输沙模数约为 118t/km^2,属微度水土流失地区。直门达以上地区地处青藏高原,地势较为平坦,河谷切割不深,人烟稀少,降水量少且无暴雨发生。直门达水文站多年平均年输沙量为 937 万 t,多年平均年输沙模数为 68.1t/km^2,为金沙江流域水土流失最少的地区。直门达至石鼓河段,降水量与降雨强度比直门达以上地区略有增加,区内地势高亢,河面狭窄,谷坡陡峻,具有峡谷型河流的特征。河谷两岸,竹巴龙至奔子栏一段内仅分布有少量的森林或灌木丛、草坡,植被覆盖稍差,其余大部分地段多分布有高山原始森林或草坡,植被覆盖较好。区内人烟稀少,人类活动主要表现为洪、冲积台地的土地耕种和牛、羊放牧。两岸汇入支流众多,其中较大的支流有巴塘河、巴楚河、定曲等(图 7.1-6)。与金沙江干流沿岸相比,这些较大支流区内的人类活动相对较为频繁。因此,金沙江上游早期的天然森林采伐及部分地方过度放牧,是造成水土流失的主要原因。

据石鼓、直门达两站同步实测资料统计,区间多年平均含沙量为 0.49kg/m^3,多年平均输沙量为 1440 万 t,实测最大年输沙量为 5470 万 t(1998 年),最小年输沙量为 110 万 t(1971 年),多年平均年输沙模数为 188t/km^2。直门达—石鼓区域属微度水土流失地区。值得注意的是,2018 年石鼓站统计年输沙模数达 247t/km^2。

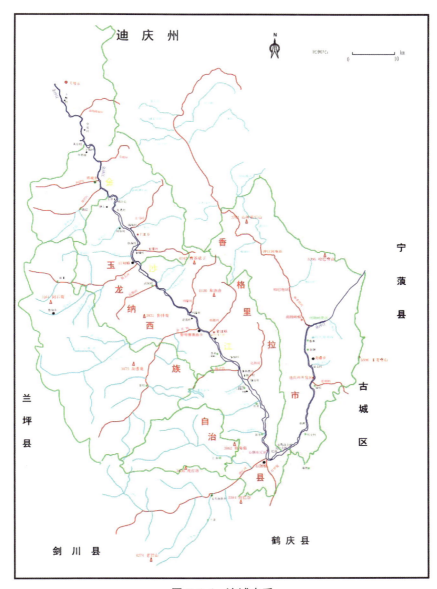

图 7.1-6 流域水系

　　根据石鼓站历年实测泥沙资料统计,多年平均含沙量为 0.599kg/m³,汛期多年平均含沙量为 0.741kg/m³,年最大含沙量为 19.9kg/m³,发生在 1987 年 6 月,年最小含沙量为 0.003kg/m³,发生在 1958 年 10 月;多年平均悬移质输沙量为 2541 万 t,最大年平均沙量为 6236 万 t(1998 年),最小年平均沙量为 696 万 t(1973 年),最大最小比为 9;各年输沙量基本上集中在汛期 5—10 月,多年平均 6 个月的输沙量占年输沙量的 98.8%,其中 6—9 月更为集中,4 个月的输沙量占年输沙量的 93.3%,枯水期 11 月至次年 4 月 6 个月的输沙量仅占年输沙量的 1.2%(表 7.1-4)。输沙量的年际变化大于径流量的年际变化。石鼓站最大年输沙量是最小年输沙量的 13.2 倍,而最大年径流量仅为最小年径流量的 1.82 倍。

表 7.1-4　　　　　　石鼓水文站多年平均月、年输沙量统计　　　　　　（单位：万 t）

月份	1	2	3	4	5	6	7	8	9	10	11	12	合计
输沙量	0.76	0.60	0.97	8.97	38.5	248	815	830	479	101	16.1	1.6	2541

为了更好地了解近些年来规划区域年际输沙量的变化特征，统计了石鼓水文站 2010—2018 年的年输沙量数据，可以看到这 9 年石鼓水文站年均悬移质输沙量为 3039 万 t，比多年平均值 2541 万 t 高 19.6%（图 7.1-7）。主要受到金沙江上游堰塞湖溃决大量输沙影响，2018 年石鼓水文站年输沙量高达 5290 万 t，约为多年平均值的 2 倍。除去 2018 年，2010—2017 年石鼓水文站年平均输沙量为 2758 万 t，比多年平均值高 8.5%。由此可以判断，近年来石鼓站输沙量相对稳定，2010 年以来年均输沙量比多年平均值要高，特别是 2018 年受到上游堰塞湖溃决影响，石鼓站输沙量远高于多年平均值。

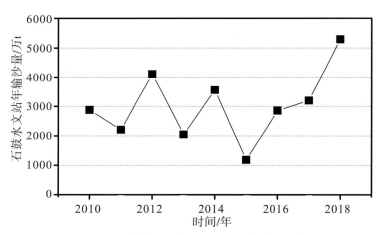

图 7.1-7　石鼓水文站 2010—2018 年输沙量变化

石鼓水文站无推移质泥沙测验资料，其上游巴塘水文站河段推移质年输沙量为 41.2 万 t，推悬比约为 3%，下游三堆子水文站 2008—2017 年多年平均推移质年输沙量为 24.5 万 t，推悬比约为 1%，汛期 6—10 月沙质推移质输沙占全年的 70.8%。据此估算石鼓段推移质与悬移质沙量的比例约为 3%，多年平均推移质沙量约为 76.2 万 t。

石鼓水文站从开始测沙至今均有悬移质泥沙级配资料。统计 2010—2018 年石鼓水文站悬移质泥沙颗粒级配资料，作为本河段悬移质泥沙颗粒级配成果（表 7.1-5）。可以看到，石鼓水文站悬移质中值粒径和平均粒径分别为：$d_{50} = 0.0125\text{mm}$、$d_{\text{m}} = 0.043\text{mm}$。

表 7.1-5   石鼓站 2010—2018 年平均悬移质颗粒级配分析成果

粒径/mm									平均粒径 /mm	中值粒径 /mm
平均小于某粒径的沙重百分比/%										
0.004	0.008	0.016	0.031	0.062	0.125	0.25	0.5	1		
21.4	38.2	55.9	69.9	81.1	89.9	96.7	99.8	100.0	0.043	0.0125

（1）床沙组成

根据野外实地调查,金沙江干流玉龙香格里拉段河床泥沙由主要砂、石、砾石组成,三者因河段不同所占比例不同。

长江委水文局于 2013 年 10 月对石鼓附近冲江河泵站河段的河床质进行了取样,通过筛分法,得到床沙粒径分析成果,成果表明床沙中值粒径为 5.03mm,平均粒径为 7.15mm,接近 80% 的床沙粒径大于 1mm,99% 的床沙粒径大于 0.125mm,最大粒径约为 25mm(表 7.1-6)。

表 7.1-6   石鼓站附近冲江河泵站河段床沙粒径分析成果

粒径/mm										平均粒径 /mm	中值粒径 /mm
平均小于某粒径的沙重百分比/%											
0.062	0.125	0.25	0.5	1	2	4	8	16	32		
0.2	1	5.5	13.9	23.5	31.3	42.6	65	85.2	100	7.15	5.03

本次规划项目实施过程中委托长江委水文上游局于 2019 年 5 月对玉龙县塔城乡至龙蟠乡和香格里拉市五境乡至虎跳峡镇沿金沙江干流 22 个边滩位置采用坑测法进行河床质采样,通过现场筛分和室内试验,得到金沙江玉龙香格里拉段干流和部分支流床沙粒径级配分析成果表(表 7.1-7 和表 7.1-8)。同时,还采用地质钻探法,得到 0~10m 深度的床沙粒径级配(表 7.1-9 和表 7.1-10)。

床沙坑测法得到中值粒径范围为 7.45~44mm,平均粒径范围为 16.3~43.6mm,床沙中平均约有 90% 颗粒粒径超过 0.25mm,约有 80% 颗粒粒径超过 1mm,最大粒径为 167mm,在士旺村士旺河口。床沙钻探法得到中值粒径范围为 0.112~40.9mm,平均粒径范围为 2.6~38.9mm,超过 70% 颗粒粒径超过 1mm,最大粒径为 103mm,在金庄河口。

2013 年 10 月长江委水文局在石鼓上游的奔子栏坝址进行了泥沙矿物质取样分析,检测结果显示金沙江上游泥沙矿物组成中以石英为主,占比约为 50%,其次是绿泥石、伊利石和方解石,占比各为 10% 左右,长石占比约为 7%。

表 7.1-7　　　　金沙江流域玉龙香格里拉段玉龙县范围内干流及部分支流床沙粒径级配分析成果（坑测法）

取样位置	小于某粒径(mm)沙重百分数/%													最大粒径 mm	中数粒径 mm	平均粒径 mm
	0.062	0.125	0.250	0.500	1.00	2.00	4.00	8.00	16.0	32.0	64.0	128	250			
塔城乡塔城四组	0.9	6.5	16.1	21.5	23.5	23.6	25.6	28.9	37.5	50.3	76.1	100		79	31.5	33
塔城乡陇巴河口	0.2	0.7	1.6	6.4	21.9	23.7	41.8	50.8	62.7	79.0	95.7	100		80	7.53	16.6
塔城乡上享土	0.6	2.5	7.6	18.2	23.2	23.4	26.6	32.8	46.9	67.3	80.7	95.6	100	139	17.1	31.8
巨甸镇白连村	0.8	4.4	8.9	12.1	13.7	14.0	17.8	23.0	38.4	60.4	80.2	98.2	100	141	23.1	33.9
巨甸镇武侯村	0.5	2.8	8.0	19.4	22.0	22.0	22.7	23.3	30.9	48.3	78.9	100		89	33.1	34.8
黎明乡金庄河口	1.0	6.2	11.1	17.0	18.3	18.4	22.3	28.4	38.6	54.2	79.4	97.4	100	137	26.6	35.6
黎明乡茨科村	0.1	0.6	1.0	1.8	2.1	2.1	8.7	26.1	55.0	78.9	95.4	100		118	14.3	20.9
石鼓镇大同村	1.9	6.2	11.9	19.6	20.1	20.1	20.1	20.3	27.1	47.8	77.9	100		90	33.5	36.1
石鼓镇红岩村	1.0	3.3	6.6	18.5	21.4	21.5	22.5	23.8	29.1	50.0	83.9	100		69	32.0	31.5
石鼓镇四兴村	1.5	6.9	14.9	24.7	25.7	26.0	26.3	26.8	27.6	38.2	63.9	100		85	44.0	41.0
龙蟠乡忠义河口	2.1	13.4	17.2	22.1	27.0	27.4	37.5	45.9	61.0	76.6	90.1	100		95	9.64	19.7

表 7.1-8　　　　金沙江流域玉龙香格里拉段香格里拉市范围内干流及部分支流床沙粒径级配分析成果（坑测法）

取样位置	小于某粒径(mm)沙重百分数/%													最大粒径 mm	中数粒径 mm	平均粒径 mm
	0.062	0.125	0.250	0.500	1.00	2.00	4.00	8.00	16.0	32.0	64.0	128	250			
五境乡霞珠村	0.4	2.4	6.6	11.3	13.9	14.1	21.5	28.4	44.8	65.1	84.5	100		89	19.1	27.6
五境乡仓觉村	0.8	3.3	7.1	13.5	19.0	19.8	29.8	35.5	47.0	63.5	79.3	94.9	100	158	18.1	33.8
上江乡福库村立马河口	0.6	2.3	6.2	14.0	17.8	18.1	23.5	30.8	43.7	59.4	74.9	100		95	21.1	31.8

续表

取样位置	小于某粒径(mm)沙重百分数/%													最大粒径 mm	中数粒径 mm	平均粒径 mm
	0.062	0.125	0.250	0.500	1.00	2.00	4.00	8.00	16.0	32.0	64.0	128	250			
上江乡土旺村土旺河口	1.5	6.5	13.4	21.2	23.9	24.0	26.4	30.4	39.2	54.5	69.1	92.0	100	167	25.2	43.6
金江镇兴隆河口	1.6	4.5	8.3	15.5	20.6	20.8	24.8	32.3	43.5	58.4	79.4	100		88	21.6	30.3
金江镇车辆村	0.1	0.8	4.2	14.3	17.6	17.7	23.2	32.4	49.2	70.9	91.7	100		111	16.4	23.3
金江镇土林下村	0.3	4.2	11.7	24.4	25.9	26.1	26.5	28.3	36.2	64.5	89.9	100		66	22.4	25.4
金江镇草坪子	0.1	0.9	4.7	16.0	17.4	17.5	18.3	19.5	27.5	58.2	84.1	100		83	26.8	31.4
金江镇礼都岩角	1.0	4.8	16.8	44.7	47.8	47.8	48.3	49.1	52.2	57.6	73.6	100		115	9.81	29.6
金江镇巴洛	1.1	5.0	19.8	37.8	39.1	39.3	40.8	44.1	57.5	82.0	95.7	100		67	10.9	16.3

表 7.1-9　金沙江流域玉龙香格里拉段玉龙县范围内干流及部分支流床沙粒径级配分析成果(地质钻探法)

取样位置	小于某粒径(mm)沙重百分数/%													最大粒径 mm	中数粒径 mm	平均粒径 mm
	0.062	0.125	0.250	0.500	1.00	2.00	4.00	8.00	16.0	32.0	64.0	128	250			
黎明乡茨科村	1.8	12.7	19.2	23.8	24.5	24.6	25.3	26.1	28.1	42.4	94.8	100		68	34.4	29.8
茨科村 K10.0~3.0m	2.2	15.4	21.3	23.2	23.7	24.0	24.1	24.4	25.2	30.9	82.5	100		68	40.7	36.4
茨科村 K13.0~5.0m	2.3	13.9	25.8	37.4	38.8	38.9	40.3	41.5	43.1	51.1	100			47	29.1	21.2
石鼓镇红岩村	0.1	2.0	11.8	22.0	27.6	28.2	35.5	43.5	56.3	79.9	100			61	11.4	15.6
红岩 K10.0~3.0m	0.0	1.3	12.2	19.9	23.2	23.6	29.1	35.1	45.9	68.9	100			61	18.0	19.5
红岩 K13.0~6.2m	0.1	2.3	13.9	21.2	25.2	25.6	32.5	40.4	54.3	80.4	100			38	12.9	15.1
红岩 K20.0~3.0m	0.0	2.0	13.7	20.2	23.5	24.0	30.1	37.5	49.8	80.4	100			52	16.1	16.7
红岩 K23.0~6.1m	0.1	2.4	7.2	26.7	38.2	39.3	50.2	60.6	74.9	89.4	100			41	3.95	9.78

续表

取样位置	小于某粒径（mm）沙重百分数/%													最大粒径 mm	中数粒径 mm	平均粒径 mm
	0.062	0.125	0.250	0.500	1.00	2.00	4.00	8.00	16.0	32.0	64.0	128	250			
龙蟠乡忠义河口	3.0	18.3	22.5	26.4	30.8	31.3	38.8	47.1	62.0	79.3	100			55	9.14	14.6
忠义 K10.0~2.0m	0.6	7.2	15.5	21.1	26.3	26.9	36.0	44.0	61.2	80.1	100			49	10.2	14.9
忠义 K12.0~5.0m	0.7	5.1	9.3	14.5	19.6	20.2	30.7	42.0	58.4	78.2	100			48	11.2	16.0
忠义 K20.0~2.0m	12.3	66.1	69.5	71.7	75.1	75.7	78.1	84.3	96.0	100				25	0.112	2.6
忠义 K22.0~5.0m	0.7	7.2	9.2	11.7	15.3	16.0	22.7	29.6	43.5	65.9	100			55	19.5	20.9

表 7.1-10　金沙江流域玉龙香格里拉段香格里拉市范围内干流及部分支流床沙粒径级配分析成果（地质钻探法）

取样位置	小于某粒径（mm）沙重百分数/%													最大粒径 mm	中数粒径 mm	平均粒径 mm
	0.062	0.125	0.250	0.500	1.00	2.00	4.00	8.00	16.0	32.0	64.0	128	250			
金江镇车轴村	0.8	2.9	8.3	22.1	29.1	29.5	33.5	36.4	46.3	77.8	100			52	17.2	17.4
车轴村 K10~3.0m	0.8	2.9	8.0	21.3	29.0	29.4	32.1	34.7	42.9	76.4	100			52	18.4	18.2
车轴村 K13.0~5.0m	0.4	2.0	6.1	16.6	20.8	20.9	26.5	28.2	38.1	77.5	100			49	19.5	19.2
车轴村 K20~3.5m	1.0	3.7	10.2	26.7	35.3	35.8	39.8	43.4	54.6	80.5	100			44	9.66	13.7
车轴村 K23.5~4.8m	0.5	2.2	7.3	20.0	25.8	26.0	30.8	33.8	44.3	73.9	100			47	18.2	18.4
金江镇土林下村	1.7	6.1	11.8	29.0	34.7	34.8	37.1	41.2	52.6	79.5	100			53	13.7	15.9
土林下村 K10~4.5m	2.3	8.0	14.2	36.1	41.3	41.5	42.5	45.9	56.7	81.9	100			51	10.4	14.4
土林下村 K14.5~7.5m	1.5	5.2	11.3	27.1	33.1	33.2	34.3	38.1	50.6	80.0	100			48	15.5	16.3
土林下村 K17.5~10.2m	1.2	3.8	8.5	19.3	25.4	25.5	31.3	36.7	48.1	75.0	100			53	16.8	17.8
金江镇礼都岩角	1.0	7.5	17.4	28.0	33.4	33.9	38.3	43.3	55.8	80.6	100			52	11.6	15.2
岩角 K10~3.0m	1.3	9.7	21.2	31.1	36.1	36.6	40.7	45.5	59.0	83.9	100			43	10.1	13.6

续表

取样位置	小于某粒径（mm）沙重百分数/%													最大粒径 mm	中数粒径 mm	平均粒径 mm
	0.062	0.125	0.250	0.500	1.00	2.00	4.00	8.00	16.0	32.0	64.0	128	250			
岩角 K13.0~4.8m	1.0	8.2	18.2	28.1	32.8	33.2	39.9	47.2	61.3	85.2	100			42	9.17	13.1
岩角 K20~3.5m	0.7	6.4	15.4	25.9	31.5	31.9	35.7	40.0	51.3	75.0	100			52	14.8	17.0
岩角 K23.5~4.7m	0.6	4.3	12.6	25.8	33.2	33.8	37.7	41.5	52.6	81.4	100			36	13.6	14.5
金江镇草坪子	1.0	4.4	10.4	14.7	15.5	15.6	17.4	20.1	32.5	52.6	100			59	29.3	25.1
草坪子 K10~3.5m	1.3	5.2	11.4	14.8	15.7	15.8	16.6	19.2	26.0	48.9	100			53	32.1	26.4
草坪子 K13.5~8.0m	1.0	3.6	7.4	9.4	9.9	10.0	12.0	14.2	19.9	30.4	100			59	34.9	31.0
草坪子 K20.0~3.0m	1.0	5.6	16.4	26.2	27.5	27.6	30.3	34.6	45.2	80.3	100			53	17.4	17.3
草坪子 K23.0~5.0m	0.5	3.0	6.7	9.0	9.8	10.0	11.9	13.5	52.9	67.5	100			59	15.3	21.1
金江镇巴洛	2.4	7.6	14.9	18.8	20.8	21.0	23.6	27.3	47.5	88.1	100			56	16.6	16.5
巴洛 K10.0~3.0m	2.2	9.3	17.9	22.1	23.7	23.8	27.2	31.1	49.8	86.6	100			49	16.1	16.0
巴洛 K13.0~5.0m	1.1	4.7	10.4	13.2	14.4	14.5	16.9	19.6	41.9	90.6	100			46	17.6	17.3
巴洛 K20.0~3.0m	4.5	10.4	18.2	23.1	26.3	26.8	29.2	33.8	54.1	88.1	100			56	14.0	15.0
巴洛 K23.0~5.0m	0.5	3.7	9.8	12.9	14.3	14.4	16.7	19.7	39.7	87.7	100			51	18.2	18.2

（2）泥沙补给分析

1）干流泥沙补给

从悬移质输沙量来看，根据石鼓站历年实测泥沙资料统计，多年平均悬移质输沙量为 2541 万 t，最大年平均沙量为 6236 万 t，最小年平均沙量为 696 万 t。各年输沙量基本上集中在汛期 5—10 月，多年平均 6 个月的输沙量占年输沙量的 98.8%，其中 6—9 月更为集中，4 个月的输沙量占年输沙量的 93.3%，即汛期 6—9 月平均悬移质输沙量约为 2370.8 万 t。通过对石鼓站多年平均悬移质泥沙组成分析可知，平均中值粒径为 0.0125mm，悬沙组成中超过 0.062mm 的砂比例约为 20%，因此规划区域金沙江干流年均悬移质来沙中砂含量约为 508 万 t。

虽然在山区性河流，河床比降大，水流流速较快，水流挟沙能力强，悬移质与床沙交换发生较少，但是悬移质中比较粗的砂组分在汛期含沙量较高时也会发生淤积，特别是金沙江中上游区域汛期来沙十分集中，占比超过 93%，因此悬移质中砂组分可以在一定程度上补充河床泥沙。根据长江上游宜宾以下干流河道采砂规划以及长江中下游河道采砂规划成果经验，悬移质中泥沙颗粒大于 0.1mm 的部分可作为床沙补给部分，此次规划区域位于金沙江中上段交界段，河床比降约为 1.5‰，显著高于长江上游，因此，对于规划区域泥沙补给估算采用 0.125mm 为临界值，比长江上游通常采用的临界值高 25%，即悬移质中大于 0.125mm 的部分作为床沙补给。此外，对比石鼓站多年平均悬移质和床沙级配分布可以看到（图 7.1-8），两者在大于 0.1mm 区域存在明显的重合区间，表明该区间悬移质泥沙和床沙存在交换过程。

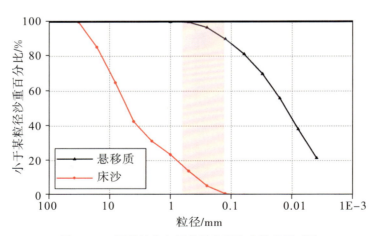

图 7.1-8　石鼓站多年平均悬移质和床沙级配对比

此外，根据武水公式，泥沙沉降速度为：

$$\omega_s = \sqrt{\left(13.95\frac{\nu}{D}\right)^2 + 1.09\frac{\gamma_s - \gamma}{\gamma}gD} - 13.95\frac{\nu}{D} \tag{7-1}$$

式中，ν——水体运动黏度，根据水温确定；

γ_s 和 γ——泥沙和水的容重（分别取 $26kN/m^3$ 和 $10kN/m^3$）；

g——重力加速度（$9.8N/kg$）；

D——泥沙粒径。

可以看到，泥沙沉降速度随着粒径的增大而增大，因此粒径越大，泥沙沉速越大，也就越容易发生沉降淤积。假如泥沙粒径为 $0.125mm$，在 25℃ 条件下（$\nu=0.897\times10^{-6}m^2/s$），泥沙沉降速度约为 $1cm/s$，在不考虑垂向向上紊动扩散的情况下，这部分泥沙需要约 $17min$ 就可以沉降 $10m$ 水深，而该区域水深基本为 $10\sim20m$，因此悬移质中大于 $0.125mm$ 的较粗颗粒泥沙可以作为河床泥沙的补给来源。

以粒径为 $0.125mm$ 为界，悬移质泥沙平均粒径级配曲线中超过该粒径的比例约为 10%，即规划区域金沙江干流中上段平均每年悬移质中可作为河床泥沙补给的量约为 254 万 t。

从推移质输沙量来看，由于石鼓水文站无推移质泥沙测验资料，可以参考其上游巴塘水文站河段推移质与悬移质的比例（约为 3%），据此估算规划区域金沙江干流多年平均推移质沙量约为 76.2 万 t。由于推移质组成几乎全部为砂卵石，是河床泥沙最主要的补给来源，因此这部分可以全部作为河床泥沙补给。

综上，规划区域范围内金沙江干流平均每年河床泥沙补给中来自悬移质的约为 254 万 t，来自推移质的约为 76.2 万 t，总量约为 330.2 万 t。

2）支流泥沙补给

Ⅰ．玉龙县境内主要支流

a．冲江河

冲江河河段中下游建有来远桥水文站，于 1953 年建成。根据来远桥水文站的观测资料，冲江河流量变幅较大，汛期 6—10 月径流占全年的比例超过 80%。由于输沙量比径流量通常更为集中，因此冲江河汛期的输沙量占比将比径流量的占比更高。根据观测资料，冲江河多年平均悬移质输沙量为 53.2 万 t，河床组成以砂卵石为主。金沙江中上游干流河道平均比降约为 $1.5‰$，冲江河河道比降显著更大，平均约为 $20‰$，是干流河道平均比降的 13.3 倍，因此推移质与悬移质比例也会明显高于干流，参考干流段上游巴塘水文站河段推移质与悬移质的比例 3%，取冲江河河段推悬比为 10%，则冲江河年均推移质含量约为 5.3 万 t。由于缺少冲江河悬移质泥沙粒径级配信息，因此本次估算不考虑悬移质泥沙中较粗部分对河床的补给作用，而仅考虑推移质的补给，年均补给量约为 5.3 万 t。

b．金庄河

金庄河主河道长度为 $50.92km$，集水面积为 $932.6km^2$，多年平均径流量为 4.577 亿 m^3。

由于金庄河缺少长序列的水文泥沙观测数据,因此采用侵蚀模数的方法对金庄河河道泥沙补给进行分析。

根据实测资料统计,金沙江上游直门达水文站多年平均年输沙量为 937 万 t,多年平均年输沙模数为 68.1t/km²,为金沙江流域水土流失最少的地区,随着金沙江往下,流域输沙模数逐渐增大,石鼓、直门达两站同步实测资料表明直门达—石鼓区域属微度水土流失地区,区间多年平均输沙量为 1440 万 t,多年平均年输沙模数为 188t/km²。此外,根据冲江河多年平均输沙量 53.2 万 t 和冲江河集水面积 988.2km²,估算得到冲江河输沙模数为 538.4t/km²。

本次规划范围内涉及支流基本都位于距离石鼓 100km 的范围内,因此可以近似取规划范围内支流流域输沙模数为 350～550t/km² 进行估算,越靠近下游输沙模数越大。

金庄河位于直门达—石鼓区域,距离石鼓仅约 30km,取金庄河流域年均输沙模数为 450t/km²,从而可以得到金庄河年均输沙量为 42.0 万 t。

考虑金庄河河道比降为 10‰～20‰,是金沙江中下游干流的 7～13 倍,取金庄河推悬比为 10%,则金庄河年均推移质输沙量约为 4.2 万 t。由于缺少金庄河悬移质泥沙粒径级配信息,因此本次估算不考虑悬移质泥沙中较粗部分对河床的补给作用,而仅考虑推移质的补给,年均补给量约为 4.2 万 t。

c. 新主河

新主河主河道长度为 36.75km,集水面积为 395.1km²,多年平均径流量为 1.469 亿 m³,在巨甸的小河口汇入金沙江。由于新主河缺少长序列的水文泥沙观测数据,因此采用侵蚀模数的方法对新主河河道泥沙补给进行分析。

新主河位于直门达—石鼓区域,距离石鼓约 95km,取新主河流域年均输沙模数为 350t/km²,从而可以得到新主河年均输沙量为 13.8 万 t。

考虑新主河河道比降为 10‰～20‰,是金沙江中下游干流的 7～13 倍,取新主河推悬比为 10%,则新主河年均推移质输沙量约为 1.4 万 t。由于缺少新主河悬移质泥沙粒径级配信息,因此本次估算不考虑悬移质泥沙中较粗部分对河床的补给作用,而仅考虑推移质的补给,年均补给量约为 1.4 万 t。

d. 陇巴河

陇巴河自西向东流入金沙江,主河道长度为 18.4km,集水面积为 159.3km²,多年平均径流量为 0.63 亿 m³。由于陇巴河缺少长序列的水文泥沙观测数据,因此采用侵蚀模数的方法对陇巴河河道泥沙补给进行分析。

陇巴河位于直门达—石鼓区域,距离石鼓约 70km,取陇巴河流域年均输沙模数为 400t/km²,从而可以得到陇巴河年均输沙量为 6.4 万 t。

考虑陇巴河河道比降为 $10‰ \sim 20‰$,是金沙江中下游干流的 $7 \sim 13$ 倍,取陇巴河推悬比为 10%,则陇巴河年均推移质输沙量约为 0.6 万 t。由于缺少陇巴河悬移质泥沙粒径级配信息,因此本次估算不考虑悬移质泥沙中较粗部分对河床的补给作用,而仅考虑推移质的补给,年均补给量约为 0.6 万 t。

e. 后箐河

后箐河经玉龙县巨甸镇后箐村委会和武侯村委会,在武侯村委会的桥边村处注入金沙江,长度为 15.6km,流域面积为 76km²,多年平均流量为 0.89m³/s。由于后箐河缺少长序列的水文泥沙观测数据,因此采用侵蚀模数的方法对后箐河河道泥沙补给进行分析。

后箐河位于直门达—石鼓区域,距离石鼓约 50km,取后箐河流域年均输沙模数为 450t/km²,从而可以得到后箐河年均输沙量为 3.4 万 t。

考虑后箐河河道比降为 $10‰ \sim 20‰$,是金沙江中下游干流的 $7 \sim 13$ 倍,取后箐河推悬比为 10%,则后箐河年均推移质输沙量约为 0.3 万 t。由于缺少后箐河悬移质泥沙粒径级配信息,因此本次估算不考虑悬移质泥沙中较粗部分对河床的补给作用,而仅考虑推移质的补给,年均补给量约为 0.3 万 t。

f. 红岩河

红岩河经石鼓镇红岩村委会的兴文村、桥边村,在桥边下村处注入金沙江,长度为 10.1km,流域面积为 38.84km²,多年平均流量为 0.46m³/s。由于红岩河缺少长序列的水文泥沙观测数据,因此采用侵蚀模数的方法对红岩河河道泥沙补给进行分析。

红岩河位于石鼓镇范围,取红岩河流域年均输沙模数为 500t/km²,从而可以得到红岩河年均输沙量为 1.9 万 t。

考虑红岩河河道比降为 $10‰ \sim 20‰$,是金沙江中下游干流的 $7 \sim 13$ 倍,取红岩河推悬比为 10%,则红岩河年均推移质输沙量约为 0.2 万 t。由于缺少红岩河悬移质泥沙粒径级配信息,因此本次估算不考虑悬移质泥沙中较粗部分对河床的补给作用,而仅考虑推移质的补给,年均补给量约为 0.2 万 t。

g. 忠义河

忠义河发源于玉龙县境内,在龙蟠乡岩羊村附近汇入金沙江,长度约为 7km,流域面积约为 35km²。由于忠义河缺少长序列的水文泥沙观测数据,因此采用侵蚀模数的方法对忠义河河道泥沙补给进行分析。

忠义河位于石鼓镇以下,距离石鼓约 30km,忠义河流域所在区域侵蚀较强,输沙模数较大,因此取忠义河流域年均输沙模数为 550t/km²,从而可以得到忠义河年均输沙量为 1.9 万 t。

考虑忠义河河道比降为 10‰～20‰，是金沙江中下游干流的 7～13 倍，取忠义河推悬比为 10%，则忠义河年均推移质输沙量约为 0.2 万 t。由于缺少忠义河悬移质泥沙粒径级配信息，因此本次估算不考虑悬移质泥沙中较粗部分对河床的补给作用，而仅考虑推移质的补给，年均补给量约为 0.2 万 t。

Ⅱ. 香格里拉市境内主要支流

a. 硕多岗河

硕多岗河发源于香格里拉市楚力措，河源高程为 4144m，总体自北向南流，于虎跳峡镇汇入金沙江，长度为 153.3km，流域面积为 1966.2km²，多年平均径流量约为 10 亿 m³。由于硕多岗河缺少长序列的水文泥沙观测数据，因此采用侵蚀模数的方法对硕多岗河河道泥沙补给进行分析。

硕多岗河位于石鼓下游约 40km，由于硕多岗河流域位于滇西横断山纵谷区，区域侵蚀较为强烈，输沙模数较大，因此取硕多岗河流域年均输沙模数为 800t/km²，从而可以得到硕多岗河年均输沙量为 157.3 万 t。

考虑硕多岗河河道比降为 10‰～20‰，是金沙江中下游干流的 7～13 倍，取硕多岗河推悬比为 10%，则硕多岗河年均推移质输沙量约为 15.7 万 t。由于缺少硕多岗河悬移质泥沙粒径级配信息，因此本次估算不考虑悬移质泥沙中较粗部分对河床的补给作用，而仅考虑推移质的补给，年均补给量约为 15.7 万 t。

b. 兴隆河

兴隆河位于香格里拉市南部金江镇，向南流经拉不芝、大厂、民家村注入金沙江，长度为 18.5km，流域面积为 103.2km²，多年平均径流量为 3096 万 m³。由于兴隆河缺少长序列的水文泥沙观测数据，因此采用侵蚀模数的方法对兴隆河河道泥沙补给进行分析。

兴隆河位于直门达—石鼓区域，距离石鼓约 40km，取兴隆河流域年均输沙模数为 450t/km²，从而可以得到兴隆河年均输沙量为 4.6 万 t。

考虑兴隆河河道比降为 10‰～20‰，是金沙江中下游干流的 7～13 倍，取兴隆河推悬比为 10%，则兴隆河年均推移质输沙量约为 0.5 万 t。由于缺少兴隆河悬移质泥沙粒径级配信息，因此本次估算不考虑悬移质泥沙中较粗部分对河床的补给作用，而仅考虑推移质的补给，年均补给量约为 0.5 万 t。

c. 立马河

立马河发源于香格里拉市境内，在福库村附近汇入金沙江，长度为 16.7km，流域面积为 65.4km²，多年平均径流量为 1308 万 m³。由于立马河缺少长序列的水文泥沙观测数据，因此采用侵蚀模数的方法对立马河河道泥沙补给进行分析。

立马河位于直门达—石鼓区域，距离石鼓约 60km，取立马河流域年均输沙模数为450t/km²,从而可以得到立马河年均输沙量为2.9万t。

考虑立马河河道比降为10‰～20‰,是金沙江中下游干流的7～13倍,取立马河推悬比为10%,则立马河年均推移质输沙量约为0.3万t。由于缺少立马河悬移质泥沙粒径级配信息,因此本次估算不考虑悬移质泥沙中较粗部分对河床的补给作用,而仅考虑推移质的补给,年均补给量约为0.3万t。

d. 士旺河

士旺河发源于香格里拉市境内,在士旺村附近汇入金沙江,长度为15.3km,流域面积为50.2km²,多年平均径流量为3153.6万m³。由于士旺河缺少长序列的水文泥沙观测数据,因此采用侵蚀模数的方法对士旺河河道泥沙补给进行分析。

士旺河位于直门达—石鼓区域,距离石鼓约55km,取士旺河流域年均输沙模数为450t/km²,从而可以得到士旺河年均输沙量为2.3万t。

考虑士旺河河道比降为10‰～20‰,是金沙江中下游干流的7～13倍,取士旺河推悬比为10%,则士旺河年均推移质输沙量约为0.2万t。由于缺少士旺河悬移质泥沙粒径级配信息,因此本次估算不考虑悬移质泥沙中较粗部分对河床的补给作用,而仅考虑推移质的补给,年均补给量约为0.2万t。

(3)泥沙补给总量

通过对金沙江流域玉龙香格里拉段干流及部分支流输沙量和河道泥沙补给量的分析(表7.1-11),可知规划区域干流和部分支流年均输沙总量约为2912.2万t,其中干流为2617.2万t,11条支流为295.0万t;年均河道泥沙补给总量约为359.1万t,其中干流约为330.2万t,11条支流约为28.9万t。泥沙补给中推移质补给总量约为105.1万t,悬移质中较粗颗粒补给总量约为254万t(来自干流)。

表7.1-11 金沙江流域玉龙香格里拉段规划区域河道泥沙补给统计

序号	河流/河段名称	所属区域	年均输沙量/万t	年均推移质输沙量/万t	年均河道泥沙补给量/万t
1	金沙江干流玉龙香格里拉段	玉龙县、香格里拉市	2617.2	76.2	330.2
2	冲江河	金沙江右岸玉龙县境内	58.5	5.3	5.3
3	金庄河	金沙江右岸玉龙县境内	42.0	4.2	4.2
4	新主河	金沙江右岸玉龙县境内	13.8	1.4	1.4
5	陇巴河	金沙江右岸玉龙县境内	6.4	0.6	0.6
6	后箐河	金沙江右岸玉龙县境内	3.4	0.3	0.3
7	红岩河	金沙江右岸玉龙县境内	1.9	0.2	0.2
8	忠义河	金沙江右岸玉龙县境内	1.9	0.2	0.2

序号	河流/河段名称	所属区域	年均 输沙量/万 t	年均推移质 输沙量/万 t	年均河道泥沙 补给量/万 t
9	硕多岗河	金沙江左岸香格里拉市境内	157.3	15.7	15.7
10	兴隆河	金沙江左岸香格里拉市境内	4.6	0.5	0.5
11	立马河	金沙江左岸香格里拉市境内	2.9	0.3	0.3
12	士旺河	金沙江左岸香格里拉市境内	2.3	0.2	0.2
总计			2912.2	105.1	359.1

(4)典型河段采砂后泥沙补给过程分析

对山区性河流设置挖沙段的粗沙拦截效果进行理论推导。截取挖沙河段,H_0、U_0、S_0 和 H、U、S 分别为挖沙段进口与出口处的水深、断面水深平均流速、含沙量,h、L 为挖沙段深度、长度(图 7.1-9)。

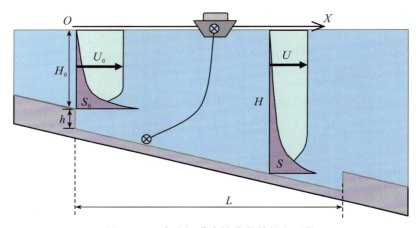

图 7.1-9　水库河道中挖沙段的纵向形状

山区性河流淤积属不平衡输沙过程,悬移质单组沙的恒定输运方程为:

$$Q\frac{\partial S}{\partial x} = -\alpha\omega B(S - \Phi) \tag{7-2}$$

式中,α——恢复饱和系数;

　　ω——泥沙沉速;

　　B——河宽;

　　Φ——水流挟沙力。

考虑简单情况,假设河道为等宽(一般河道纵向长度较横向河宽变化幅度相对较小),河宽 B 和 α 为常数,单宽流量 $q = Q/B$ 为常数。令 $\varepsilon = \alpha/q$,对式(7-2)积分得到目标断面处的含沙量 S:

$$S = S_0 \mathrm{e}^{-\varepsilon\omega x} + \varepsilon\omega \mathrm{e}^{-\varepsilon\omega x} \int_0^x \varPhi \mathrm{e}^{\varepsilon\omega t} \mathrm{d}t \tag{7-3}$$

下标 0 表示进口处条件。挟沙力 $\varPhi$ 采用张瑞瑾公式：

$$\varPhi = k \left(\frac{U^3}{gH\omega} \right)^m \tag{7-4}$$

式中，k、m 和 g——常数；

　　ω——泥沙沉速；

　　U——水深平均流速；

　　H——水深。

ω 只与粒径有关，水深平均流速 U 与水深 H 成反比，设 H 满足图中线性变化 $H = H_0(1 + Jx/H_0)$，J 为河床坡降，则 $\varPhi$ 与 $\varPhi_0$ 关系满足：

$$\varPhi = \varPhi_0 \left(\frac{H_0}{H} \right)^{4m} = \frac{\varPhi_0}{(1 + Jx/H_0)^{4m}} \tag{7-5}$$

已知入口处含沙量为 S_0，目标断面处各组沙的沉积率 ρ 可表示为：

$$\rho = 1 - \frac{S}{S_0} \tag{7-6}$$

将式(7-3)和式(7-5)代入式(7-6)，$\varPhi$ 换算成 $\varPhi_0$，得到沉积率 ρ 为：

$$\rho = 1 - \frac{S}{S_0} = 1 - \mathrm{e}^{-\varepsilon\omega x} - \frac{\varPhi_0}{S_0} \varepsilon\omega \mathrm{e}^{-\varepsilon\omega x} \int_0^x \frac{\mathrm{e}^{\varepsilon\omega t}}{(1 + Jt/H_0 + h/H_0)^{4m}} \mathrm{d}t \tag{7-7}$$

此时挖沙段深度 h 将影响泥沙的沉积程度。此处假定挖沙段水深 H 为常数，则沉积率公式简化为：

$$\rho = 1 - \frac{S}{S_0} = \left[1 - \frac{\varPhi_0}{S_0} \left(\frac{H_0}{H} \right)^{4m} \right] (1 - \mathrm{e}^{-\varepsilon\omega x}) \tag{7-8}$$

根据式(7-7)对挖沙段进行概算。假设单宽流量 $q = 30\mathrm{m}^2/\mathrm{s}$，坡降 $J = 1.5‰$，分析代表粒径分别为 $0.01 \sim 0.5\mathrm{mm}$ 的 7 组沙。设水深 $H_0 = 10\mathrm{m}$，挖沙深度 $h = 2\mathrm{m}$。挖沙段进口处 $\varPhi_0/S_0 \leqslant 1$，取最大值 $\varPhi_0/S_0 = 1$，利用式(7-8)概算得到挖沙段内各组沙沉积率(图 7.1-10)。显然，挖沙段内粗沙淤积速度远大于细沙，5km 处最粗一组沙的拦截比例达到 80%，而最细沙只有 1%。以粒径 0.125mm 为界划分粗沙(含 0.125mm)与细沙，粗沙的拦截比例达 60%，即挖沙后粗沙能够有效地被拦截在挖沙坑中，从而对河床泥沙进行补充。

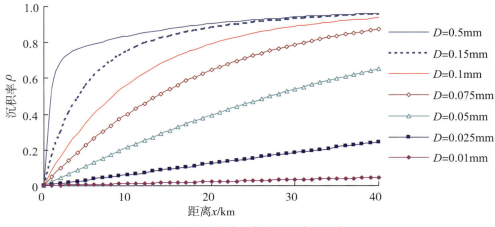

图 7.1-10 挖沙段内各组泥沙沉积率

7.1.5 砂石储量分析

（1）砂石储量集中位置

在金沙江流域玉龙香格里拉段水文泥沙特性、地质特性、河道演变特性分析研究的基础上，通过多次实地查勘调查以及与沿江各个乡镇（村）充分沟通，详细了解过去沿江采砂及采砂场分布情况，并综合考虑生态环境保护需求等方面的因素，从而初步确定了可能作为可采区的砂石储备较为丰富的区域，主要位于规划区域金沙江干流的弯道和展宽段，以及部分支流河口区域。

1）干流上砂石储量比较集中的具体位置

玉龙县境内：玉龙县塔城乡塔城四组附近、玉龙县塔城乡上享土附近、玉龙县巨甸镇白连村附近、玉龙县巨甸镇武侯村附近、玉龙县黎明乡茨科村附近、玉龙县石鼓镇四兴村附近、玉龙县石鼓镇红岩村附近、玉龙县石鼓镇大同村附近、玉龙县龙蟠乡上元村附近。

2）支流河口砂石储量比较集中的具体位置

玉龙县境内：玉龙县塔城乡陇巴河口、玉龙县黎明乡金庄河口、玉龙县龙蟠乡忠义河口。

（2）砂石储量比较集中区域储量估算

本次规划区域金沙江干流河段河床覆盖层较为深厚。根据长江委长江岩土工程总公司从托顶至下峡口的地质勘测成果，其宗到塔城覆盖层深度为 100m 左右；上江、红岩和石鼓段覆盖层最为深厚，达 170～250m。由于在金沙江中上游河段历史堆积砂卵石层较为深厚，为了较为准确地得到金沙江流域玉龙香格里拉段历史堆积层信息，选择巨甸镇和石鼓镇作为代表，在金沙江边滩附近进行较深地层钻探。

巨甸镇钻探孔深为 30.3m，其中表层以下 0.5m 为人工堆积层（Q^s），成分为卵砾石土，结构稍密，卵砾石含量为 50%～60%；孔深 0.5～0.9m 为第四系冲洪积层（Q^{pal}），物质成分为浅灰黄色粉土，含少量砂，结构稍密；孔深 0.9～30.3m 为第四系冲洪积层（Q^{pal}），物质成分为砂卵砾石，夹少量漂石，含泥质，卵石含量为 60%～65%，其余主要为中细砂，含泥质，充填于卵砾石空隙中。

石鼓镇钻孔深为 21.3m，其中表层以下 4.6m 为人工填土层（Q^s），成分为卵砾石土，卵石含量约为 40%；孔深 4.6～6.8m 为第四系冲洪积层（Q^{pal}），物质成分为中粗砂，局部夹泥质黏粒；孔深 6.8～21.3m 为第四系冲洪积层（Q^{pal}），物质成分为砂卵砾石，结构稍密，卵石含量约为 70%，局部夹漂石，其余为砂。

由此可以判断，金沙江流域玉龙香格里拉段干流河道历史堆积的砂卵砾石层较厚，至少可以达到几十米，成分组成以卵石为主，普遍在 40%～50%，甚至高于 50%。由于采砂规划的目的是科学规范指导河道进行可持续的采砂活动，而规划河道金沙江干流在实际采砂过程中不可能一直开采到基岩层，因此按照全部堆积层厚度进行砂石历史储量分析的实际意义不大，本次采砂规划的历史储量分析出发点为需要进行严格的深度控制，最深控制为 20m。

结合浅层钻探和地面测绘结果对金沙江流域玉龙香格里拉段干流和支流河口可利用砂石储量集中的位置的砂石储量进行具体估算，其中在每个位置间隔一定距离打 2 个钻孔，钻孔深度为 5～10m。现场钻探作业见图 7.1-11，现场测绘作业见图 7.1-12。

图 7.1-11　现场钻探作业

图 7.1-12　现场测绘作业

1)干流河道玉龙县境内

a. 玉龙县塔城乡塔城四组附近

2019 年 5 月玉龙县塔城乡塔城四组附近现场及钻孔情况见图 7.1-13。从图 7.1-13 中可以看到,岸滩上有明显的泥沙堆积层,钻孔结果显示从表层往下到 2.5m 左右主要为砂土层,2.5～5m 主要为卵石夹砂层。坑测法和钻探法床沙粒径分析结果显示,中值粒径分别为 31.5mm 和 11.7mm,99％床沙粒径超过 0.062mm,约有 93％床沙粒径超过 0.125mm。基于塔城四组附近地形测绘结果和典型河道断面测量结果,保守估计可以取塔城乡塔城四组区域砂石的历史堆积深度为 8m,成分 93％为砂卵石,结合该区域地面测绘得到的面积约 25300m²,估算该区域砂石储量约为 18.8 万 m³。

图 7.1-13　2019 年 5 月玉龙县塔城乡塔城四组附近现场及钻孔情况

b. 玉龙县塔城乡上享土附近

2019 年 5 月玉龙县塔城乡上享土附近现场及钻孔情况见图 7.1-14。从图 7.1-14 中可以看到,岸滩上有明显的泥沙堆积层,钻孔结果显示从表层往下到 5m 左右均为砂卵石混合层。坑测法和钻探法床沙粒径分析结果显示,中值粒径分别为 17.1mm 和 18.0mm,粒径分析结果显示 99％床沙粒径超过 0.062mm,约有 97％床沙粒径超过 0.125mm。基于上享土附近地形测绘结果和典型河道断面测量结果,保守估计可以取塔城乡上享土区域砂石的历史堆积深度为 5m,成分 97％为砂卵石,结合该区域地面测绘得到的面积约 108000m²,估算该区域砂石储量约为 52.4 万 m³。

图 7.1-14　2019 年 5 月玉龙县塔城乡上享土附近现场及钻孔情况

c. 玉龙县巨甸镇白连村附近

2019 年 5 月玉龙县巨甸镇白连村附近现场及钻孔情况见图 7.1-15。从图 7.1-15 中可以看到，岸滩上有明显的泥沙堆积层，钻孔结果显示从表层往下到 5m 左右均为砂卵石混合层。坑测法和钻探法床沙粒径分析结果显示，中值粒径分别为 23.1mm 和 17.8mm，粒径分析结果显示 99% 床沙粒径超过 0.062mm，约有 95% 床沙粒径超过 0.125mm。基于白连村附近地形测绘结果和典型河道断面测量结果，保守估计可以取巨甸镇白连村区域砂石的历史堆积深度为 6m，成分 95% 为砂卵石，结合该区域地面测绘得到的面积约 133000m²，估算该区域砂石储量约为 75.8 万 m³。

图 7.1-15　2019 年 5 月玉龙县巨甸镇白连村附近现场及钻孔情况

d. 玉龙县巨甸镇武侯村附近

2019 年 5 月玉龙县巨甸镇武侯村附近现场及钻孔情况见图 7.1-16。从图 7.1-16 中可以看到，岸滩上有明显的泥沙堆积层，钻孔结果显示从表层往下到 5m 左右均为砂卵石混合层，以卵石为主。坑测法和钻探法床沙粒径分析结果显示，中值粒径分别为 33.1mm 和 34.0mm，粒径分析结果显示 99% 床沙粒径超过 0.062mm，约有 97% 床沙粒径超过 0.125mm。基于武侯村附近地形测绘结果，保守估计可以取巨甸镇巨甸武侯村区域砂石的历史堆积深度为 8m，成分 97% 为砂卵石，结合该区域地面测绘得到的面积约 315000m²，估算该区域砂石储量约为 244.4 万 m³。

图 7.1-16　2019 年 5 月玉龙县巨甸镇武侯村附近现场及钻孔情况

e. 玉龙县黎明乡茨科村附近

2019 年 5 月玉龙县黎明乡茨科村附近现场及钻孔情况见图 7.1-17。从图 7.1-17 中可以看到,岸滩上有明显的泥沙堆积层,钻孔结果显示从表层往下到 5m 左右均为砂卵石混合层,以细砂为主。坑测法和钻探法床沙粒径分析结果显示,中值粒径分别为 14.3mm 和 34.4mm,粒径分析结果显示 98％床沙粒径超过 0.062mm,约有 99％床沙粒径超过 0.125mm。基于茨科村附近地形测绘结果和典型河道断面测量结果,保守估计可以取黎明乡茨科村区域砂石的历史堆积深度为 8m,成分95％为砂卵石,结合该区域地面测绘得到的面积约 150000m²,估算该区域砂石储量约为 114.0 万 m³。

图 7.1-17 **2019 年 5 月玉龙县黎明乡茨科村附近现场及钻孔情况**

f. 玉龙县石鼓镇四兴村附近

2019 年 5 月玉龙县石鼓镇四兴村附近现场情况见图 7.1-18(由于现场条件不适合钻孔作业,故该区域未进行钻孔勘测)。从图 7.1-18 中可以看到,岸滩上有明显的泥沙堆积层。坑测法床沙粒径分析结果显示,中值粒径为 44.0mm,颗粒组成较粗,粒径分析结果显示 98％床沙粒径超过 0.062mm,约有 93％床沙粒径超过 0.125mm。基于四兴村附近地形测绘结果和典型河道断面测量结果,保守估计可以取石鼓镇四兴村区域砂石的历史堆积深度为 6m,成分 93％为砂卵石,结合该区域地面测绘得到的面积约 202000m²,估算该区域砂石储量约为 112.7 万 m³。

图 7.1-18　2019 年 5 月玉龙县石鼓镇四兴村附近现场情况

g. 玉龙县石鼓镇红岩村附近

2019 年 5 月玉龙县石鼓镇红岩村附近现场及钻孔情况见图 7.1-19。从图 7.1-19 中可以看到,岸滩上有明显的泥沙堆积层,钻孔结果显示从表层往下到 5m 左右均为砂卵石混合层,以细砂为主。坑测法和钻探法床沙粒径分析结果显示,中值粒径分别为 32.0mm 和 11.4mm,粒径分析结果显示 99% 床沙粒径超过 0.062mm,约有 96% 床沙粒径超过 0.125mm。基于红岩村附近地形测绘结果和典型河道断面测量结果,保守估计可以取石鼓镇红岩村区域砂石的历史堆积深度为 10m,成分 95% 为砂卵石,结合该区域地面测绘得到的面积约 153000m²,估算该区域砂石储量约为 145.4 万 m³。

图 7.1-19　2019 年 5 月玉龙县石鼓镇红岩村附近现场及钻孔情况

h. 玉龙县石鼓镇大同村附近

2019 年 5 月玉龙县石鼓镇大同村附近现场情况见图 7.1-20(由于现场条件不适合钻孔作业,故该区域未进行钻孔勘测)。从图 7.1-20 中可以看到,岸滩上有明显的泥沙堆积层。坑测法床沙粒径分析结果显示,中值粒径为 33.5mm,颗粒组成较粗,粒径分析结果显示 98% 床沙粒径超过 0.062mm,约有 93% 床沙粒径超过 0.125mm。基于大同村附近地形测绘结果和典型河道断面测量结果,保守估计可以取石鼓镇大同村区域砂石的历史堆积深度为 8m,成分 93% 为砂卵石,结合该区域地面测绘得到的面积约 53000m², 估算该区域砂石储量约为 39.4 万 m³。

i. 玉龙县龙蟠乡上元村附近

2019 年 5 月玉龙县龙蟠乡上元村附近现场情况见图 7.1-21(由于现场条件不适合钻孔作业,故该区域未进行钻孔勘测)。从图 7.1-21 中可以看到,岸滩上有明显的泥沙堆积层。基于前面巨甸镇和石鼓镇较深地层钻探结果,区域内历史堆积的砂卵砾石层较厚,基本大于 20m,成分组成以卵石为主,普遍在 40%~50% 甚至高于 50%,而该区域过去采砂资料表明细石英砂占比为 70%~80%,卵石占比约为 20%,因此保守估计可以取龙蟠乡上元村区域砂石的历史堆积深度为 8m,成分 90% 为砂卵石,结合该区域地面测绘得到的面积约 38000m², 估算该区域砂石储量约为 27.4 万 m³。

图 7.1-20　2019 年 5 月玉龙县石鼓镇大同村　　图 7.1-21　2019 年 5 月玉龙县龙蟠乡上元村
　　　　　　附近现场情况　　　　　　　　　　　　　　　附近现场情况

2)支流河口边滩及其附近干流

a. 玉龙县塔城乡陇巴河口

2019 年 5 月玉龙县塔城乡陇巴河口附近现场及钻孔情况见图 7.1-22。从图 7.1-22 中可以看到,岸滩上有明显的泥沙堆积层,钻孔结果显示从表层往下到 5m 左右均为砂卵石混合层,以细砂为主。坑测法和钻探法床沙粒径分析结果显示,中值粒径分别为 7.5mm 和 7.1mm,粒径分析结果显示 99.8% 床沙粒径超过 0.062mm,约有 99.3% 床沙粒径超过 0.125mm。基于陇巴河口附近地形测绘结果和典型河道断面测量结果,保守估计可以取塔城乡陇巴河口区域砂石的历史堆积深度为 18m,成分 95% 为砂卵石,结合该区域地面测绘得到的面积约 13600m²,估算该区域砂石储量约为 23.3 万 m³。

图 7.1-22　2019 年 5 月玉龙县塔城乡陇巴河口附近现场及钻孔情况

　　由于在陇巴河口附近水面突然展宽,流速下降,水流挟沙能力减弱,同时有支流大量泥沙汇入,因此在河口附近干流河道也会产生较为显著的淤积。陇巴河年输沙量约为 6.4 万 t,河口附近干流平均淤积深度超过 2m。

　　b. 玉龙县黎明乡金庄河口

　　2019 年 5 月玉龙县塔黎明乡金庄河口附近现场及钻孔情况见图 7.1-23。从图 7.1-23 中可以看到,岸滩上有明显的泥沙堆积层,钻孔结果显示从表层往下到 6.5m 左右均为砂卵石混合层,以细砂为主。坑测法和钻探法床沙粒径分析结果显示,中值粒径分别为 26.6mm 和 18.6mm,粒径分析结果显示 99% 床沙粒径超过 0.062mm,约有 93% 床沙粒径超过 0.125mm。基于金庄河口附近地形测绘结果和典型河道断面测量结果,保守估计可以取黎明乡金庄河口区域砂石的历史堆积深度为 7m,成分 93% 为砂卵石,结合该区域地面测绘得到的面积约 61500m²,估算该区域砂石储量约为 40 万 m³。

图 7.1-23　2019 年 5 月玉龙县塔黎明乡金庄河口附近现场及钻孔情况

由于在金庄河口附近水面突然展宽,流速下降,水流挟沙能力减弱,同时有支流大量泥沙汇入,因此在河口附近干流河道也会产生较为显著的淤积。金庄河年输沙量约为 42 万 t,河口附近干流平均淤积深度超过 3m。

（3）玉龙县龙蟠乡忠义河口

2019 年 5 月玉龙县龙蟠乡忠义河口附近现场及钻孔情况见图 7.1-24。从图 7.1-24 中可以看到,岸滩上有明显的泥沙堆积层,钻孔结果显示从表层往下到 7m 左右均为砂卵石混合层,以细砂为主。坑测法和钻探法床沙粒径分析结果显示,中值粒径分别为 9.6mm 和 9.1mm,粒径分析结果显示 98% 床沙粒径超过 0.062mm,约有 86% 床沙粒径超过 0.125mm。基于忠义河口附近地形测绘结果和典型河道断面测量结果,以及忠义河口过去勘测成果,其淤积深度普遍大于 20m,保守估计可以取龙蟠乡忠义河口区域砂石的历史堆积深度为 20m,成分 86% 为砂卵石,结合该区域地面测绘得到的面积约 18800m²,估算该区域砂石储量约为 32.3 万 m³。

图 7.1-24　2019 年 5 月玉龙县龙蟠乡忠义河口附近现场及钻孔情况

由于在忠义河口附近水面突然展宽,流速下降,水流挟沙能力减弱,同时有支流大量泥沙汇入,因此在河口附近干流河道也会产生较为显著的淤积。忠义河年输沙量约为 1.9 万 t,河口附近干流平均淤积深度超过 2m。

综上,在金沙江流域玉龙段干流及部分支流河口区域砂石储量较为丰富,23 个砂石储量较为丰富的边滩砂石储量保守估计约为 1989.9 万 m³,以砂石密度为 2600kg/m³ 估算,则砂石历史储量约为 5173.7 万 t,其中干流上 16 个砂石储量大的金沙江干流边滩区域砂石储量合计约为 3672 万 t,7 个支流河口附近边滩砂石储量合计约为 1502 万 t(表 7.1-12)。

表 7.1-12   金沙江流域玉龙香格里拉段部分砂石储量集中区域砂石储量统计

位置	面积/m²	深度/m	砂石含量占比/%	砂石储量/万 m³	砂石储量/万 t
玉龙县塔城乡塔城四组附近	25300	8	93	18.8	48.9
玉龙县塔城乡上享土附近	108000	5	97	52.4	136.2
玉龙县巨甸镇白连村附近	133000	6	95	75.8	197.1
玉龙县巨甸镇武侯村附近	315000	8	97	244.4	635.4
玉龙县黎明乡茨科村附近	150000	8	95	114.0	296.4
玉龙县石鼓镇四兴村附近	202000	6	93	112.7	293.0
玉龙县石鼓镇红岩村附近	153000	10	95	145.4	378.0
玉龙县石鼓镇大同村附近	53000	8	93	39.4	102.4
玉龙县龙蟠乡上元村附近	38000	8	90	27.4	71.2
玉龙县塔城乡陇巴河口附近边滩	13600	18	95	23.3	60.6
玉龙县黎明乡金庄河口附近边滩	61500	7	93	40.0	104.0
玉龙县龙蟠乡忠义河口附近边滩	18800	20	86	32.3	84.0
合计				1989.9	5173.7

7.1.6   河道演变

(1)河道历史时期演变

金沙江是长江上游河段的重要组成部分,沿程穿越青藏高原、云贵高原和四川盆地等若干地形地貌区,形成和发育历史十分复杂。早第三纪末期以前,金沙江流域内地势与今日相反,整体东高西低,汇水主要向西或西南流出。现在的金沙江源头位于当时巨大的可可西里断陷盆地,青南藏北地区、川西高原和云南高原地区属于剥蚀夷平环境,地势相当低矮,广泛分布中一新生代断陷盆地。

始于早第三纪末期并延续至今的喜马拉雅运动,不仅使青藏高原整体上升成为号称"世界屋脊"的高原,而且其断块式的升降运动使金沙江流域的古地貌发生明显的转变,地势由东高西低转变为西高东低。在川西和云南,上新世末至更新世有众多的断陷凹地形成湖泊,古金沙江分成数段贯通,然后这些古湖发育起来。古通天河一古金沙江上段向东南方向流经邓柯至俄南后,不是沿现今的流路转向南流,而是继续沿着断裂带向东南经海子山、玉隆河、箭白河于甘孜附近流入雅砻江。俄南以南的古金沙江上段在流经石鼓后尚未折转东流,而是继续向南,经剑川等断陷盆地的排泄性湖泊进入红河水系注入南海。古金沙江中段、古雅砻江、古安宁河,以及当时与古安宁河相通的古大渡河则贯通了昔格达古湖,发育成串珠状排泄性河湖体系,向南经古元谋湖再向南入红河水系。四川盆地中的水系亦向西向南流入滇中滇西的河湖体系,经红河注入南海。

早更新世晚期,青藏高原开始大规模强烈隆起,高原面平均升到海拔 2000m 左右,地形落差显著增大,古金沙江普遍强烈下切和加速溯源侵蚀。川西云南地区掀斜抬升成高原,河流作用增强,串珠状河湖体系解体,昔格达湖等古湖消亡,东西向的河流向西溯源侵蚀加速,源头不断向西推进,原先各自独立的南流水系在多处被袭夺改向东流,各段相互贯通成为统一的古金沙江。石鼓以上的古金沙江源头又在俄南附近袭夺了古通天河之水入古金沙江。至此,宜宾以上的古金沙江全线连接贯通,江水东流进入四川盆地。

中更新世,青藏高原继续隆起,在高原腹地的现今江源地区,随着湖水外流,多数湖盆消失,沱沱河和楚玛尔河在出露的湖相沉积上逐步形成,江源诸河基本定形。川西高原、云南高原强烈掀升,金沙江以深切为主,普遍形成峡谷。

晚更新世以来,青藏高原加速隆升,金沙江及其支流强烈深切,形成壮观的大峡谷,此期间很少有阶地发育,先期形成的高阶地也常遭受强烈变形。此后至今,金沙江峡谷地貌未曾发生大的改变。

(2)河道近期演变

从近期来看,受河流溪沟的侵蚀和切割的影响,金沙江流域绝大部分为山区,面积约为 44 万 m²,占全流域面积的 93%,丘陵面积约为 0.29 万 m²,约占全流域面积的 0.6%;平原面积为 2.78 万 m²,约占全流域面积的 6%;湖泊及其他面积为 0.19 万 m²,约占全流域面积的 0.4%。金沙江流域地势北高南低,逐渐向东南倾斜,跨越青南川西高原、横断山地、川滇山地、四川盆地 4 个地貌区。

青南川西高原:包括青海省南部、西藏自治区东部、四川省西部等高原地带,呈西北东南向的弓形状,属金沙江干流岗托以上地区。平均高程超过 4000m,而高岭超过 6000m,山宏谷宽,冰川延绵。受昆仑山和唐古拉山两山环抱,形成波状起伏的高原。冻土荒漠、湖泊沼泽遍及山间盆地和干支河谷两侧,成为浩坦的"汇水盆",干流河谷沿程阶地发育,水系发育,除高大雪峰外,地势较为平坦,河流切割不深,河谷宽浅,流速缓慢。

横断山地:包括四川省西部、云南省西北部、西藏自治区东部一小部分。在干流中江街以上至岗托,支流雅砻江汇合口以上至甘孜,略呈矩形状,高程在 1100~4000m,高岭达 5000~5600m。在地质构造上为南北走向的康滇地质,地势北高南低,垂直气候变化很大,高山充寒,河谷温暖,切割甚烈,往往构成长岭低谷,谷岭比超过 2000m,河谷宽仅百余米。河流与山脉平行,方向为南北方向,是我国著名的横断山脉区,河流穿行于高山峡谷之中,比降较大,下切深,水流湍急,流速大。

川滇山地:包括云南省北部、四川省西部,高程在 1000～3000m。在干流两侧和支流下游汇口段多为崇山峻岭和深切峡谷,如昆明、元谋、楚雄、南华、祥云、宾川等盆地,夏季湿润多雨,冬春明朗多霜,为云南的农业基地。本区流域面积约为 8.6km²,其中山区占 96.5%,丘陵占 0.8%,平原占 2.0%,湖泊及其他占 0.7%。

四川盆地:包括四川省西部、云南省东北部、贵州省西部,为四川盆地西南边缘的一角。西部高东部低,一般高程在 500～1000m,少数高岭达 2000～3000m,沟谷纵横,侵蚀较烈,是山区过渡到丘陵地形的地带。

本次规划区域金沙江流域玉龙香格里拉段属于金沙江上中游河段,为典型的深谷河段。金沙江干流过直门达后转向南进入横断山峡谷地带,雀儿山、沙鲁里山、达玛拉山、康芒山夹持左右两岸,北部山岭高度一般海拔高程高于 5000m,南部一般海拔高程在 3000～4000m,有不少 6000m 以上的高峰,终年白雪皑皑。除局部河谷稍见宽阔外,一般河面宽为 100～200m,至玉龙县塔城乡其宗后,河谷开始变宽,岭谷高差降低,一般在 1000～1500m,最大可达 2500m。

1)规划区域金沙江干流河道近期演变分析

本次规划金沙江干流河段为典型的山区性河道,河床受两岸基岩的控制较为稳定,在长期的水流冲刷下,河床缓慢下切,形成典型深谷江河,具有高、深、陡、窄、弯曲的特点,河段横断面几何形态主要以"U"形断面、"V"形断面为主,局部河段有不对称型断面。河床多由砂卵石或岩石组成,抗冲性较好,加上金沙江中游河段为轻度水土流失区,河段产沙量小,含沙量不大,因此淤积量也小。从近几十年的情况来看,河道基本上没有发生明显的冲淤和扩展,河道冲淤变化不大,河势稳定。

规划范围内金沙江干流河道在石鼓段由南向转为偏北,河流流向变化大,水沙输运过程和河床演变相对复杂,因此选择石鼓段为代表对规划区域干流近期演变进行分析。金沙江石鼓段相对窄深,河谷主要呈"U"形,河宽一般为 150～400m,平水期水面高程在 1817～1818m,江面宽 300m 左右,洪水期宽达 700m 左右。江右岸漫滩临江部位地面高程一般在 1820～1822m,水面以下金沙江主河槽中心部位高程在 1812.8～1813.6m。巴岔湾至大同乡河段主河槽宽 250～300m,微弯顺直,主流靠近左岸。该段河道主流位置较稳定,不同流量下横向摆动幅度小,深泓稳定。左岸临山,右岸滩地相对较窄,河床卵石粒径较粗,冲淤幅度较小。根据近期横断面地形比较,2010—2018 年,该段床面各测点高程变化均小于 1m。从该段下游石鼓水文站断面历年演变情况来看,1965—2014 年监测断面处岸线较稳定,河床抗冲刷能力强,年际略有冲淤变化,但是变化的幅度不大,近年河床略有淤积,高程变化小于 2m,断面形态基本未发生变化,河势稳定性相对较强(图 7.1-25)。大同乡往下至石鼓镇弯道段,枯水时河宽相对均匀,为 200 余米;汛期中水流量下,上下游河道较窄,中部水流漫滩,河床相对宽阔;汛期大洪水时下游高滩淹没,河宽大幅扩展,河宽从上至下大幅扩宽。大同至石鼓镇河段为弯曲分汊型河道,并与上下游弯道平顺衔接,因此其近期演变受上下游河势影响。由于主流在其进口段随流量增加摆动较为明显,演变主要表现在分汊段的心滩变化上。根据近期地形分析,在总体趋势上,该段河段基本稳定,上段左右岸边滩稳定,心滩左汊缓慢发展,左岸边滩有一定冲刷(图7.1-26)。

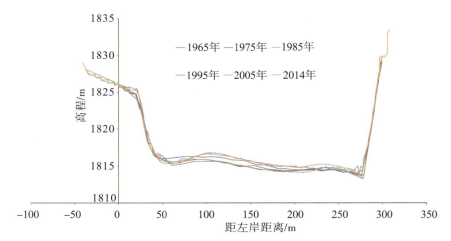

图 7.1-25　金沙江石鼓水文站断面历年演变

(a)2010 年枯季　　　　(b)2014 年枯季　　　　(c)2018 年汛末

图 7.1-26　金沙江石鼓段 2010 年枯季、2014 年枯季和 2018 年汛末卫星遥感图像

2)规划区域金沙江支流河道近期演变分析

规划区域金沙江中上游属于典型的深谷河段,两岸支流基本位于横断山系的高山峡谷区,河床组成以砂卵石为主,河流落差大,河势基本稳定。由于本次规划区域

内金沙江中上游支流一般相对较小,河道地形资料十分匮乏,而各个支流的水文泥沙和地貌特征较为接近,因此以本次规划区域最大的支流——冲江河为代表,对支流河道演变进行分析。

冲江河发源于玉龙县与兰坪县交界的老君山,与发源于金丝厂山的大左沟河,在石鼓镇鲁瓦村委会高明小组汇合,于石鼓流入金沙江,是玉龙县西部金沙江最大的一级支流,流域范围位于99°30′E～99°45′E,26°40′N～26°50′N,流域面积为1004km²(图7.1-27)。河源高程为4273.4m,汇口高程为1815m,河流长约54.4km,河道平均比降为20‰。冲江河流经石头、石鼓,8个村民小组,3个村委会,为当地主要的灌溉用水水源。

图7.1-27 金沙江右岸支流冲江河流域

冲江河流域位于横断山系高山峡谷区,山高谷深,河谷深切,高差悬殊大,谷底至山顶高差一般在1000～2000m,最高点在金丝厂山海拔4273.4m,最低在冲江河汇入金沙江处,海拔1815m,相对高差2458m。冲江河发源地的西部云岭(走向北北西—南南东)山脉山脊是金沙江水系与澜沧江水系的分水岭,整个流域地势西高东低,冲江河由西流向东汇入金沙江,冲江河源头至石头一段及大左沟河,河谷狭窄,谷坡陡峭,为典型的"V"形谷,石头—石鼓一带,谷底平坦、开阔,为"U"形河谷,由于河流携带物的大量堆积,河漫滩发育。

河段中下游建有来远桥水文站,于1953年建设,观测内容有水位、流量和降水。冲江河的流量变幅较大,来远桥水文站实测最大洪峰流量为370m³/s,平均枯期流量为1.95m³/s,洪枯相差200倍。汛期来水来沙集中,来远桥水文站汛期6—10月径流占全年径流的比例超过 80%,洪水表现为暴涨暴落。冲江河多年平均输沙量为 53.2 万 t,多年平均含沙量为 1.132kg/m³。冲江河其河床组成以砂卵石为主,河床组成粗细不均,平均粒径为 8.3~21.3mm,中值粒径为 3.8~12.8mm,床沙沿程细化作用明显。

以冲江河河道 1965 年和 2011 年的实测地形图为基础,结合一些相关文献资料,以及《云南省丽江市玉龙县冲江河石鼓段治理工程设计报告》的相关分析成果,冲江河下游河段纵向稳定系数变化范围在 26~88,属于顺直型河道,河床稳定;横向稳定系数变化范围在 0.15~0.5,河道横向有部分河段较为不稳定。1965—2011 年,冲江河发生了几次大水,河床淤积较大,部分河道逐渐向右岸移动,局部河岸土壤抗冲性能差,岸线有一定的冲刷。近年来,丽江市玉龙县开展了冲江河石鼓段治理工程,目前冲江河中下游河段堤防工程已经建设完成,冲江河中下游河段河道顺直,河势基本处于稳定状态。冲江河下游河道现状见图 7.1-28。

河道堤防

图 7.1-28 冲江河下游河道现状

(3)河道演变趋势分析

规划区域的金沙江干流河道河床演变趋势主要与上游来水来沙条件、河床边界条件有关。由于规划区域河段两岸以山体为主,河岸总体稳定,河床由基岩和卵石构成,抗冲刷能力较强,从石鼓段历史演变的规律初步分析,规划区域河势将总体保持稳定。

为了进一步解析河道演变趋势,采用平面二维水沙数学模型对规划河段的典型河段进行冲淤变化与演变趋势计算分析。典型河段选取石鼓河段选取河段,长度约为 9km(图 7.1-29)。

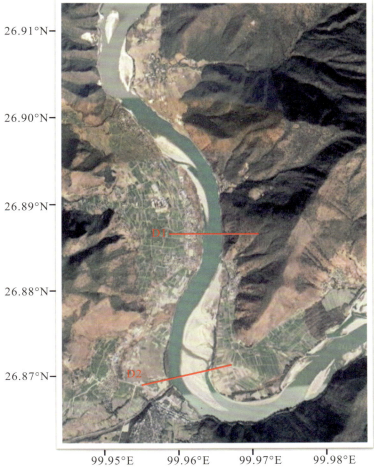

图 7.1-29　金沙江典型河段石鼓段河道演变趋势模拟计算范围

为充分反映不同水沙条件的影响,根据石鼓水文站 1963—2010 年长系列水沙资料,分别选取 1989 年、1985 年和 1986 年作为大沙、中沙和少沙典型年。泥沙冲淤计算时间步长取 24h 逐日进行计算,进口采用典型年石鼓水文站实测径流、含沙量日平均资料,出口水位由水位流量关系插值得到。

计算成果表明,选取的金沙江典型河道洪淤枯冲、年内冲淤基本平衡。若遇中沙年(1985 年)、少沙年(1986 年),年内微冲微淤,淤积总量分别为 46.77 万 m³ 和 18.94 万 m³;若遇大沙年(1989 年),年内略有淤积,淤积总量为 132.4 万 m³,淤积部位主要集中在回水沱、滩地和放宽段,但是淤积幅度均较小,断面变化幅度较小。河道内主要洲滩冲淤变化较小,仅局部略有淤积,河道深泓线基本无变化,河势总体保持稳定(图 7.1-30)。

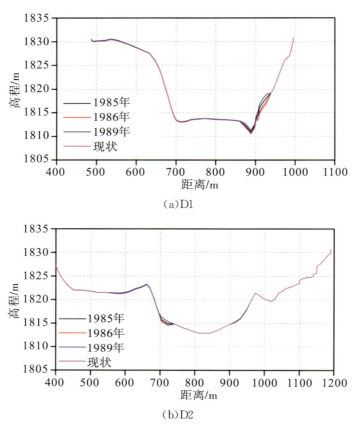

（a）D1

（b）D2

图7.1-30 不同水沙特征年份金沙江石鼓段典型断面冲淤变化

因此，可以判断，在大多数情况下，规划区域的金沙江河段河床受到边界条件的约束，河岸均较为稳定，河床演变主要为河床的冲淤变化。其中，在峡谷段，悬移质基本上不参与造床作用，冲淤主要是卵石在河槽中的堆积和冲刷，年内冲淤变化呈现一定的周期性，情况比较简单。宽谷段冲淤变化则相对复杂，卵石推移质和悬移质中的中粗砂部分都对河床深槽和浅滩产生冲淤影响，使河床在平面和断面上发生变化，甚至悬移质中细颗粒泥沙对较高河漫滩也会带来一定的变化。但是总体而言，由于河岸稳定，河床系基岩和卵石构成，抗冲刷能力较强，雨洪季节含沙量大时，局部河段略有淤积，汛后冲刷，表现为微冲微淤，年际会保持冲淤基本平衡，河势保持稳定。

综上所述，根据金沙江中上游干流河道和典型支流河道历史时期演变、近期演变和河道演变趋势分析，规划区域河段的河势基本处于较为稳定的状态。

7.2 金沙江(玉龙香格里拉段)河道采砂规划

本次规划的范围为金沙江干流玉龙香格里拉段香格里拉市五境乡至虎跳峡区间，规划河段长度约为180km。

采砂管理规划是一项限制性规划,具有很强的时效性,而且随着水沙条件等因素的变化可能发生较大改变,因此规划期一般为3～5年。本次规划河流为山区性河流,河势变化相对较小,规划期定为2020年1月1日至2024年12月31日,规划基准年为2017年,部分资料采用附近年份数据,规划研究的对象主要为规划范围内的建筑用砂。

本次规划的主要任务是调查分析金沙江流域玉龙香格里拉段河道采砂现状及监管情况,分析总结砂石利用与监管中存在的主要问题;分析河道演变规律、演变趋势,以及对河道采砂的限制和要求;根据河道水文泥沙特性、泥沙输移和补给规律、河道砂石历史储量分析结果,统筹考虑区域内经济发展对砂石的需求,合理确定年度采砂控制总量和分配规划;在深入分析河道采砂对河势稳定、防洪通航安全、涉水工程正常运用、生态环境保护,以及其他方面影响的基础上,科学划分禁采区、可采区和保留区,并按照合理利用和有效保护的要求,对砂石开采的主要控制性指标加以限定;初步分析采砂对防洪安全、河势稳定、通航安全、涉水工程正常运用、水生态及水环境的影响;在认真总结以往采砂管理经验的基础上,研究提出采砂规划实施与管理的指导意见,提出加强采砂管理的政策制度建议。

本规划根据金沙江流域玉龙香格里拉段河道地质地貌条件、河流河势变化、河道砂石资源分布情况、河流泥沙补给条件,考虑河段特点、资源开发利用、防洪安全、水生态保护、涉河工程保护等因素,依据相关法律法规、行业规范和技术标准,并与县(市)发展规划、河道整治方案、相关专业规划相衔接,对规划范围内的金沙江干流以及9条支流的河段进行采砂分区规划,明确规定金沙江流域玉龙香格里拉段玉龙县和香格里拉市境内开采控制条件、控制开采总量、堆场设置条件和禁采期。

规划依据《河道采砂规划编制规程》(SL 423—2008)相关要求划定禁采区、可采区和保留区,将国家和有关部门已经明文规定应当禁采的河段或区域,以及采砂对河势稳定、防洪和通航安全、涉河工程的正常运行和生态环境有较大影响的河段或区域划定为禁采区;在不影响河势稳定及沿河涉水工程和设施正常运行、充分考虑河段特点、满足砂石资源可持续开发利用的前提下划定可采区;将禁采区与可采区之间的缓冲区域规划为保留区。

规划的制定为金沙江流域玉龙香格里拉段规范河道采砂活动、依法管理河道采砂提供科学依据和重要基础,为玉龙县和香格里拉市实现高效、科学的采砂管理执法监督提供思路,为区域河势稳定、水生态环境良好、涉河工程安全提供重要保障。

7.2.1 禁采区划定

7.2.1.1 禁采区原则

禁采区划定的目的是确保公共安全,避免采砂产生较大的不利影响。禁采区划定需要满足两个方面的禁采要求:一方面是国家和有关部门已经明文规定应当禁采的河段或区域;另一方面是采砂对河势稳定、防洪和通航安全、涉河工程的正常运行和生态环境有较大影响的河段或区域。具体来看,禁采区划定遵循以下原则。

(1)必须服从法律法规的要求

不得与现行的法律、法规、规章,以及行业规划相抵触。

(2)必须满足河势稳定的要求

禁止在可能引起河势发生较大不利变化的河段进行采砂,包括控制河势的重要节点、重要弯道段凹岸、汊道分流区、需要控制其发展的汊道等。

(3)必须服从防洪安全的要求

禁止在对防洪安全有较大不利影响的河段和区域采砂,包括防洪堤临水边滩较窄或无边滩处、深泓靠岸段、重要险工段附近、河道整治工程附近区域,以及其他对防洪安全有较大不利影响的区域。

(4)必须服从航道稳定和通航安全的要求

禁止在对航道稳定和通航安全有较大不利影响的河段和区域采砂,河砂开采不得挤占河道、影响航运,不得引起航道变迁和造成碍航等。

(5)必须服从水生态环境保护的要求

为了实现资源的可持续利用,维护流域水生生态平衡,禁止在自然保护区、珍稀保护水生动物的重要栖息地和繁殖场所、国家级水产种质资源保护区的特别保护期内、饮用水水源保护区进行采砂。

(6)必须服从维护涉河工程安全运行的要求

禁止在城镇生产生活取排水设施、过河电缆、穿河管线、桥梁、隧道、通信设施、水文监测设施等的保护范围内采砂。

7.2.1.2 禁采区划定方案

根据禁采范围的分布特点,禁采区分为禁采河段和禁采水域。禁采河段是指上下断面之间包括滩地全线禁止开采的河段;禁采水域是指涉水工程和设施保护范围内禁止开采的有限水域。

禁采河段是根据河道特点,将重要性十分突出、生态保护意义重大、相关影响难以掌控的河段全线划为禁采区的一种相对严格的禁采方式。根据金沙江流域玉龙香格里拉段实际情况,将涉及生态红线保护范围、自然保护地保护范围,以及水功能区保护地的范围确定为禁采河段,具体包括:①丽江老君山自然保护地;②云南省丽江玉龙雪山自然保护地。

禁采水域是以法律、法规所规定的涉水工程保护范围为参考,在此基础上划定有限水域禁采的一种禁采方式。对于法律、法规中已明确规定涉水工程保护范围的,参照该范围划定禁采水域;对于法律、法规中没有明确规定涉水工程保护范围的,参考类似工程并结合采砂管理的实际经验确定一个较为合适的禁采范围。具体划分时,对同类涉水工程,采用最新颁布的、法律效力最高的法律和法规并按照下级法律和法规服从上级的原则来划分禁采区。

(1)桥梁保护范围

1)公路桥梁

根据《公路安全保护条例》,禁止在公路桥梁跨越的河道上下游的下列范围内采砂:

①特大型公路桥梁跨越的河道上游500m,下游3000m;

②大型公路桥梁跨越的河道上游500m,下游2000m;

③中小型公路桥梁跨越的河道上游500m,下游1000m。

本次规划范围内涉及的桥梁均为大型公路桥梁(桥长100～1000m)。因此,本次规划范围内在桥梁跨越河道的区域禁采范围为桥梁上游500m,下游2000m。

根据《公路安全保护条例》,沿河公路(国道、省道、县道)用地外缘起向外100m、乡道公路用地外缘起向外50m,禁止采砂。本次规划范围内在金沙江两岸分别为226省道和金江线,将公路用地外缘起向外100m划定为禁采区。

2)铁路桥梁

本次规划范围内不涉及铁路桥梁。

(2)水文监测环境保护范围

根据《水文监测环境和设施保护办法》和《云南省水文条例》,下列区域应当划定为水文监测环境保护范围:水文测站基本水尺断面上、下游各500m;两岸界限为河堤外侧之间的区域,没有河堤的,为两岸高于历史最高洪水位1m以下的区域。

本次规划范围内涉及的水文设施为石鼓水文站,因此按照要求将石鼓水文站的上、下游各500m的区间均划为禁采河段。

(3)其他水利工程保护范围

根据《云南省水利工程管理条例》,不同涉水工程的保护范围分别划定如下:

1）水库及电站

水库库区的管理范围为校核洪水位以下范围（含岛屿），水库库区管理范围外延100～300m。小型水电站厂房及其配套设施建筑管理范围为周边20～50m，保护范围为小型水电站厂房及其配套设施管理范围外延50～200m。

本次规划范围内不涉及水库，规划范围内小型水电站厂房及其配套设施按照管理要求将其周边250m划分为禁采区。

2）堤防

①大型堤防堤身和堤脚外30～100m的地带为管理范围，管理范围外延200～300m的地带为保护范围；

②中型堤防堤身和堤脚外20～60m的地带为管理范围，管理范围外延100～200m的地带为保护范围；

③小型堤防堤身和堤脚外5～30m的地带为管理范围，管理范围外延50～100m的地带为保护范围。

本次规划范围内涉及堤防护岸工程主要有9处，其中玉龙段有5段堤防护岸工程，香格里拉段有4段堤防护岸工程。玉龙段堤防护岸工程分别分布在石鼓镇大同村（2270m）、巨甸镇金河村（2780m）、巨甸镇阿乐村（1470m）、塔城乡鸡公石（684m）、塔城乡务鲁村（310m）；香格里拉段堤防护岸工程分别分布在金江镇士林下村（1320m）、上江乡木司扎（400m）、上江乡马厂（1030m）、上江乡良美村（1980m）。这些堤防护岸工程均为小型工程，为保证安全，参照小型堤防保护范围要求，将规划范围内堤防堤身和堤脚外130m范围划定为禁采区。

3）泵站

①大、中型泵站厂区构筑物和前池、进出水道等建筑物周边10～30m的地带为管理范围，管理范围外延30～50m的地带为保护范围；

②小型泵站厂区构筑物和前池、进出水道等建筑物周边5～10m的地带为管理范围，管理范围外延10～30m的地带为保护范围。

本次规划范围内涉及的大型泵站有滇中引水工程石鼓镇泵站、金沙江龙蟠提水工程泵站、石鼓站新华湾一级大站泵站，其余均为小型泵站，规划范围内金沙江干流左岸香格里拉市有小型泵站15个，右岸玉龙县有小型泵站32个。按照要求将大型泵站周边80m范围和小型泵站周边40m范围划分为禁采区。

4）水源地保护范围

根据《饮用水水源保护区划分技术规范》（HJ 338—2018），不同类别的水源地保护区范围划定如下：

一般河流水源地，一级保护区水域范围为上游1000m至下游100m；二级保护区水域范围为从一级保护区的上游边界向上游延伸 2000m，下游侧的外边界从一级保护区边界向下游延伸不小于 200m。

本规划范围内取水口和取水泵站除滇中引水取水口和龙蟠提水工程取水口外，其余泵站取水均为工业或农业用水。因此滇中引水取水口和龙蟠提水工程取水口参照一级保护区，将取水口上游 1000m 至下游 100m 列为禁采区；其他取水口将上游 100m 至下游 50m 保护范围划定为禁采区。

5）航道

参照交通运输部颁发的《中华人民共和国航道管理条例实施细则》，将主航道及左右各 10～20m 范围列为禁采区。

6）渡口

本规划范围内涉及的渡口参考小型水电站厂房及其配套设施，按照管理要求，将其周边 250m 划分为禁采区。

金沙江流域玉龙香格里拉段河道采砂禁采区规划见表 7.2-1。由于规划范围涉及小型取水泵站较多，仅在表格中列出了滇中引水和龙蟠提水两个大型取水口，其他小型泵站取水均为工农业使用，其周围 40m 范围内为禁采区。长江第一湾码头与石鼓镇大同村段应急修复堤防护岸位置有重合，其相应的禁采范围已经被列入堤防护岸的禁采区，因此未重复列出。

表 7.2-1　　　　　　　　金沙江流域玉龙香格里拉段河道采砂禁采区规划

编号	禁采河段	所属区域	位置描述	禁采缘由	禁采区长度/km
D1	塔城乡务鲁村段	玉龙县	务鲁村段应急修复堤防护岸	堤防护岸	0.95
D2	塔城乡鸡公石段	玉龙县	鸡公石段应急修复堤防护岸	堤防护岸	1.50
D3	巨甸镇段	玉龙县	巨甸镇金河村段、巨甸镇阿乐村段应急修复堤防护岸	堤防护岸	4.50
D4	巨甸镇金河村段	玉龙县	金河村段应急修复堤防护岸	堤防护岸	3.30
D5	大同村段	玉龙县	石鼓水文站	国家水文站	1.00
D6	大同村段	玉龙县	滇中引水大同取水口	大型泵站	0.20
D7	大同村段	玉龙县	大同村段应急修复堤防护岸	堤防护岸	2.80
D8	龙蟠乡段	玉龙县	金沙江龙蟠提水工程取水口	大型泵站	0.20

7.2.2　可采区规划

7.2.2.1　年度控制采砂总量

为避免不合理开采和过度开采对河势、防洪、水生态环境等方面带来不利影响，保证江砂的可持续利用，必须对金沙江流域玉龙香格里拉段河道范围内年度采砂总量、开采个数、开采深度进行控制。

本次规划的金沙江流域玉龙香格里拉段可采区均位于金沙江中下游干流及部分支流河口区域。金沙江中上游目前受人类活动影响相对较小，因此产输沙量较高，规划区域干流和部分支流年均输沙总量约为 2916.4 万 t，主要来自干流，约为 2617.2 万 t，支流约为 299.2 万 t，对应的年均河道泥沙补给总量约为 359.6 万 t，其中推移质补给总量约为 105.6 万 t，干流中悬移质较粗颗粒补给总量约为 254 万 t。此外，由于金沙江中上游经济发展水平相对落后，流域建设和开发水平相对较低，以往河道采砂较为有限，因此规划区域干流河道以及支流河口有丰富的砂石储量，保守估算规划区域内金沙江干流 16 个砂石储量大的金沙江干流边滩区域砂石储量合计约为 3672 万 t，7 个支流河口附近边滩砂石储量合计约为 1502 万 t，总量约为 5174 万 t。

根据调查，目前规划区域涉及的玉龙县和香格里拉市过去经济建设发展相对较为落后，近年来，其建设发展提速显著，玉龙县和香格里拉市先后在 2018 年和 2019 年经云南省委、省政府研究，批准退出贫困县（市）。最近几年，玉龙县和香格里拉市建筑业增加值增长迅速，占 GDP 的比重可达 20%，两地建设发展对砂石资源的需求都十分旺盛。近期在金沙江干流玉龙香格里拉段有许多国家重点工程建设，包括丽香高速、滇中引水工程等；受到 2018 年金沙江上游堰塞湖泄流影响，玉龙县和香格里拉市沿江乡镇受灾严重，区域灾后重建和堤防护岸建设等都对砂石有强烈需求；由于金沙江干流河道砂石资源较好，交通较为便利，因此周边区域的城市建设发展也对该区域砂石资源存在较强需求，初步估算玉龙县和香格里拉市以及周边区域年均砂石需求量超过 1000 万 t。对于本次规划区域，由于位于经济建设整体相对落后的滇西北部，外界砂石运输进来的成本很高，同时该区域内有多个自然保护地，矿山开采受到很大限制，而区域内金沙江干支流泥沙丰富，历史储量较大，是区域砂石的主要来源，因此本次采砂规划对于规划区域年度采砂量的控制是在合理范围内尽量满足地方发展需求。

综合考虑区域泥沙年均补给量约为 360 万 t，历史储量超过 5000 万 t，以及区域对砂石的需求量，确定此次采砂规划 5 年期控制采砂总量为 2000 万 t，年度控制采砂量为 400 万 t，年度控制量值稍大于该区域年度平均砂石补给量，超出部分不足历史储量的 1%。这样既能在很大程度上支撑区域建设发展，又能保持区域砂石资源的可持续利用。

7.2.2.2 可采区划定原则

可采区规划应综合考虑河势、防洪、通航、生态环境、涉河工程正常运行，以及采砂的运输条件等因素，在河道演变与泥沙补给分析的基础上进行。对河势稳定、防洪安全、通航安全、生态环境和涉河工程正常运行等基本无不利影响或不利影响较小的区域可规划为可采区。在划定可采区时具体需要遵循以下原则。

①应服从河势稳定、防洪安全、通航安全、涉河工程正常运行和生态环境保护的要求，不能给河势、防洪、通航、涉河工程、生态环境等带来较大的不利影响。

②应符合砂石资源可持续开发利用的要求。砂石的开采应避免进行掠夺性和破坏性的开采，要在合理规划的基础上，做到砂石资源的可持续利用。

③应充分考虑各河段的特点，控制年度实施开采总量和禁采期。

④可采区具体范围需要给出平面控制点坐标，作为采砂年度实施的最大允许开采范围。其范围大小根据附近河道多年河势变化，结合可采区情况确定，河势条件较好、堤防稳定的可采区范围可适当大一点，反之，可采区范围应取小一点。

⑤可采区规划要对采砂控制高程、采砂机具类型和数量、采砂作业方式等提出原则性要求；针对可采区实施时有弃料的情况，要在规划中提出弃料的处理方式和采砂后的河道平整要求。

7.2.2.3　可采区划定方案

根据可采区规划的基本原则，在对金沙江流域玉龙香格里拉段河道演变基本规律和河道近期冲淤变化特点进行分析研究的基础上，综合考虑河道河势稳定、防洪安全、通航安全、沿江涉水工程、设施的正常运用、水生态与水环境保护等方面的要求，并充分考虑金沙江中上游河道来水来沙条件采砂后泥沙的补给情况，结合采取泥沙历史储量和砂石资源可持续开发利用等要求来划定可采区。

规划范围内划定可采区共计 26 处，其中金沙江流域玉龙香格里拉段玉龙县范围内划定可采区 11 处，年度控制开采量为 170 万 t；香格里拉市范围内划定可采区 10 处，年度控制开采量为 170 万 t；玉龙县和香格里拉市交界的金沙江干流河道划定可采区 5 处，年度控制开采量为 60 万 t。

金沙江流域玉龙县侧河道采砂可采区分布见表 7.2-2。玉龙县范围内 11 处可采区分别位于塔城乡（2 处，共 14 万 t）、巨甸镇（2 处，共 45 万 t）、黎明乡（2 处，共 35 万 t）、石鼓镇（3 处，共 61 万 t）、龙蟠乡（2 处，共 15 万 t）。

金沙江流域香格里拉市侧及干流段河道采砂可采区分布见表 7.2-3。香格里拉市范围内 10 处可采区分别位于五境乡（2 处，共 16 万 t）、上江乡（2 处，共 55 万 t）、金江镇（6 处，共 99 万 t）。

表 7.2-2

金沙江流域玉龙县侧河道采砂可采区分布

编号	可采区名称	所处行政区	可采区面积/m²	采砂控制高程/m	采砂控制深度/m	年度控制开采量/万 t	禁采期
Y1	下爬村采区	玉龙县塔城乡	25300	1891	3	6	
Y2	陇巴河口边滩采区	玉龙县塔城乡	13600	1883	3	8	
Y3	白连村采区	玉龙县巨甸镇	133000	1865	3	20	
Y4	武侯村采区	玉龙县巨甸镇	315000	1856	3	25	
Y5	金庄河口边滩采区	玉龙县黎明乡	61500	1841	3	15	每年 6—10 月
Y6	荻科村采区	玉龙县黎明乡	150000	1838	3	20	
Y7	四兴村采区	玉龙县石鼓镇	202000	1828	3	20	
Y8	红岩村采区	玉龙县石鼓镇	153000	1823	3	29	
Y9	大同村采区	玉龙县石鼓镇	53000	1816	3	12	
Y10	上元村采区	玉龙县龙蟠乡	38000	1813	3	7	
Y11	忠义河口边滩采区	玉龙县龙蟠乡	18800	1810	3	8	

表 7.2-3 金沙江流域香格里拉市侧及干流段河道采砂可采区分布

编号	可采区名称	所处行政区	可采区面积/m²	采砂控制高程/m	采砂控制深度/m	年度控制开采量/万t	禁采期
X1	下珠村采区	香格里拉市五境乡	14300	1908	3	7	
X2	仓觉村采区	香格里拉市五境乡	31300	1891	3	9	
X3	立马河口边滩采区	香格里拉市上江乡	140000	1869	3	25	
X4	土旺河口边滩采区	香格里拉市上江乡	198000	1864	3	30	
X5	兴隆河口边滩采区	香格里拉市金江镇	70900	1845	3	20	
X6	车轴村采区	香格里拉市金江镇	36000	1836	3	7	每年6—10月
X7	土林下村采区	香格里拉市金江镇	168000	1830	3	18	
X8	草坪子采区	香格里拉市金江镇	179000	1827	3	14	
X9	岩角村采区	香格里拉市金江镇	95000	1823	3	10	
X10	巴洛采区	香格里拉市金江镇	326000	1814	3	30	
J1	陇巴河口附近干流采区	玉龙—香格里拉	73000	1868	1.5	14	
J2	金庄河口附近干流采区	玉龙—香格里拉	123000	1837	1.5	17	
J3	立马河口附近干流采区	玉龙—香格里拉	99000	1866	1.5	9	
J4	土旺河口附近干流采区	玉龙—香格里拉	103000	1859	1.5	8	
J5	兴隆河口附近干流采区	玉龙—香格里拉	142000	1841	1.5	12	

玉龙县和香格里拉市交界的金沙江干流河道 5 处可采区分别位于玉龙县陇巴河口附近（14 万 t）、金庄河口附近（17 万 t）、香格里拉市立马河口附近（9 万 t）、士旺河口附近（8 万 t）、兴隆河口附近（12 万 t）。

这 26 个可采区采用水旱结合的方式开采，以旱采为主，适应旱采的区域采用旱采，适应水采的区域采用水采。其中 21 个干流边滩区域布置的可采区以挖掘机旱采的方式为主，干流河道中布置的 5 个可采区采用采砂船水采的方式，在采砂可行性论证中需要进行具体说明。可采区分布见图 7.2-1。

为了便于对采砂过程进行的严格管控，对采砂机具数量也需要进行控制。在旱采过程中，保守估计 1 台挖掘机每天挖砂量为 600m³，按照一年工作 90d 估算，得到 1 台挖掘机平均一年挖砂能力为 5.4 万 m³，即约为 14 万 t，因此对于可采区年度控制开采总量小于等于 14 万 t 的，控制旱采挖掘机数量为 1 台；可采区年度控制开采总量超过 14 万 t 的，控制旱采挖掘机数量为 2 台。在水采过程中，当前采砂船在砂量充足情况下每天采砂量可达几千吨，因此对于采用水采方式的每个可采区控制采砂船数量为 1 艘。目前河道内采砂船的功率主要集中在 50～300kW，结合规划采区的位置和河道水深特点，以及尽量控制采砂活动带来的不利影响，综合选取采砂船最大功率不大于 150kW。

可采区的控制高程在参考长江中下游等河道采砂管理经验所确定的不低于河道多年冲淤变化的最低高程的原则基础上，为了避免超深采砂对河势稳定和防洪安全带来较大不利影响，本次规划可采区采砂活动垂向范围采用控制开采高程与平均控制开采深度共同控制，垂向上均不应突破这两个控制条件。对于边滩旱采的可采区，规划采区的控制开采深度控制为 3m，控制开采高程根据每个采区河道淤积情况确定，原则上高于河道最低水位 1m；对于金沙江干流河道水采的可采区，规划采区的控制开采深度控制为 1.5m，控制开采高程不低于河道多年冲淤变化的最低高程，且要注意开采后对河势影响情况随时作出相应调整。

本次规划范围的金沙江河段每年汛期为 6—10 月，其中主汛期为 7—9 月。为避免采砂活动对防洪安全产生影响，也为了保障采砂作业的安全，规定每年的 6—10 月汛期以及特殊情况流量较大存在洪水威胁时（如上游发生堰塞湖泄流）为禁采期，禁采期内禁止一切采砂作业，采砂机械必须停止作业，采砂船只须在指定地点停泊靠岸，以保证汛期的行洪和防洪安全。

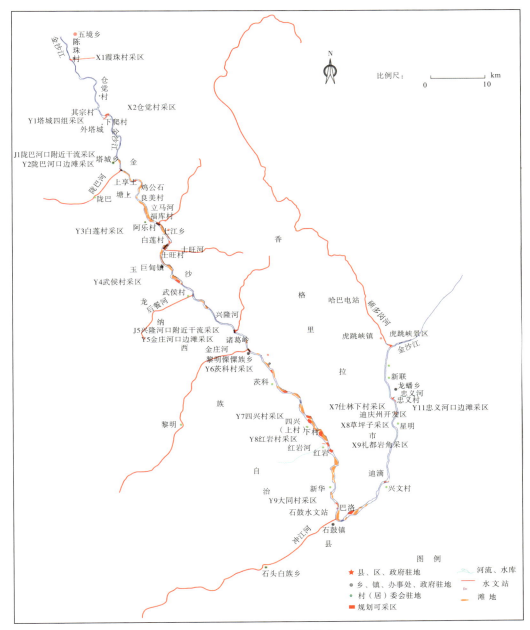

图 7.2-1　可采区分布

需要特别注意的是,根据调查,在香格里拉市虎跳峡镇硕多岗河口,年均输沙量约为 160 万 t,而且主要集中在汛期,每年汛期有超过 10 万 t 以砂卵石为主的推移质补给。另外硕多岗河比降较大,在吉沙至河口段比降特别大,50km 长的河段落差达1300m,平均比降为 26‰,因此水流流速大,挟沙能力强,输运的悬移质泥沙中粗颗粒组分含量也较高。携带大量泥沙的水流到了河口区域后水面快速放宽,流速减小,挟沙能力降低,并且此时金沙江水位通常较高,容易形成倒灌,因此大量泥沙短时间淤積在河口区域,导致河道淤塞,会对河口上游几千米处的虎跳峡镇防洪安全产生显著的不利影响。目前,为了避免硕多岗河河道淤塞影响周边区域防洪安全,会在每年汛期之前在河道开挖几十米的深坑,用来承载汛期上游来的泥沙。由于硕多岗河两岸边坡较为稳定,河底基本为砂卵石,抗冲击能力也较强,多年来河势基本保持稳定,同时目前定期的清淤主要是清除每年汛期淤积的大量泥沙,因此基本不会对河势稳定造成不利影响,相反,在汛前对硕多岗河口区域适度清淤,能够有效地保证汛期行洪,也是河口上游附近区域乡镇防洪安全的有力保障。但是由于硕多岗河口上游约1km处有一座跨河公路桥,因此跨河大桥下游2km范围内的硕多岗河口区域不能规划为采砂可采区,但是考虑到其关键的防洪安全问题,需要每年在汛前对硕多岗河组织开展清淤,为了保障清淤工作的科学实施和良好管理,可以参考可采区对硕多岗河口区域的定期清淤活动进行管理。根据《云南省水利厅关于加强河道采砂管理工作的实施意见》(云水河管〔2019〕11号)要求,因整治疏浚河道的,应当编制采砂可行性论证报告,报经有管辖权的水行政主管部门批复同意。依法整治疏浚河道产生的砂石一般不得在市场经营销售,确要经营销售的,按经营性采砂管理,由当地县级以上人民政府统一组织经营管理。因此,综合考虑河道演变和区域防洪安全,对于硕多岗河口区域可以参照可采区进行管理和控制清淤,但是仅允许在每年汛前和汛后1个月时间内对河道进行清淤疏浚,清淤疏浚实施前需要编制采砂可行性论证报告,报香格里拉市水行政主管部门审批,审批通过后方可实施,在清淤实施过程中需要特别注意对河口上游的跨河公路大桥进行动态监测和桥墩维护,保证清淤疏浚活动不会对桥梁安全产生不利影响,清淤疏浚的砂石由香格里拉市人民政府统一组织经营管理。

7.2.2.4 堆砂场设置及弃料处理

堆砂场是砂石岸上筛分和砂石经营的场地,堆砂场布置应根据建设规模、砂石料需求量,并综合考虑年度控制开采量、采区分散程度等因素。堆砂场如果设置不合理,弃料随意堆放,将侵占河道过流断面,可能给河道行洪带来不利影响,从而影响防洪安全;可能形成挑流阻流,从而影响河势稳定和涉水工程正常运行;可能造成一定污染,从而给水体生态环境带来危害。为了避免这些不利影响,必须规范堆砂场设置,避免出现乱堆乱放现象,减少堆砂场给河道行洪、岸坡稳定、环境保护等方面带来的不利影响。

(1)堆砂场设置原则

①堆砂场布置的数量和场地面积应严格控制,不得设置在自然保护地、耕地和基本农田范围内,不得影响防洪安全;

②堆砂场布置应充分考虑筛分场地,筛分弃料严禁堆放河道;

164

③堆砂场四周要设置一定的拦挡措施,如袋装土、浆砌石挡墙等,防止雨水对堆砂的冲蚀造成水土流失;

④堆砂场旁边设置排水措施,保证堆砂场的排水通畅;

⑤砂场要占用土地以及配套公路、传输设备等基本设施时,要采取环保措施。

需要强调的是,堆砂场应设置在河道管理范围以外,确实需要在河道管理范围内设置堆砂场时,应该符合岸线规划,并且按照有关规定办理批准手续。此外,由于该规划区域位于高山峡谷区,地质灾害频发,堆砂场的选择还应该避开泥石流沟口和滑坡等自然灾害多发影响区域。经批准后,要从河道行洪、岸坡稳定、环境保护等方面综合考虑,提出堆砂场的分布范围、堆放时限、堆放高度等要求。

为了便于实际采砂作业活动,集中高效管理,原则上建议对于规划有可采区的地区,每个乡镇最多设置 2 个集中堆砂场,堆砂场的选址和相关设置要求需要在采砂实施前的采砂可行性论证报告中进行详细说明和论证。

(2)堆砂场设置要求

根据堆砂场地规划原则,结合规划范围实际情况,要充分考虑岸线利用、采砂规模、砂石料需求量、储存量等,并综合考虑年度控制开采量、采区分散程度等因素进行堆砂场设置。开采弃料要随时清理,采掘坑要随时回填,不得乱挖乱堆,影响河道行洪和涉水工程安全等。

根据金沙江流域玉龙香格里拉段实际情况,本次规划提出堆砂场设置的具体要求如下:

①堆砂场应统一设置,其建设需要符合玉龙县和香格里拉市相关发展规划、政策,并且必须经县级以上地方人民政府水行政主管部门批准,依照法律、法规的规定,需要其他部门许可的,还应当依法办理许可手续;禁止砂场在河道管理范围内堆砂和搭建其他建筑物,除经过论证设置的堆砂区外,河段两岸沿线其余地区范围内禁止堆砂;

②编制堆砂场方案,各地对堆砂场性质(常年或临时)、堆放位置(河道内或河道以外)、型式、高度、面积、使用期限、场内设施等进行明确规定,结合砂场的出入口设置地磅,以核实各砂场的实际出砂量;

③成品和半成品需要统筹合理堆放,不能阻碍行洪通道,堆放点距离河堤不得少于 15m,需要设置防尘、防雨措施;对临时堆放在河道内的成品料,应尽快撤走,不应影响河道行洪安全,逾期不外运的,就地复平或回填砂坑,规范作业;

④洗砂废水不得直接排入河中,需要经过沉淀池沉淀,达到水质相关要求后方可排入河中或再次利用,严禁泥浆直接流入河中,废料不得遗弃河中或随意堆放,需要集中统一处理,或用沙袋装好用于汛期保护河埂安全;

⑤在河道外设置砂石料堆放场地，应该选择建设用地或未利用地，必须严格遵守《中华人民共和国土地管理法》，并办理相关许可手续；

⑥对违法设置的堆砂场清理整治，拆除场地内违法建筑物，未经批准的堆砂场一律严格依法取缔。

（3）弃料处理要求

①严禁将弃料随意堆积在河道，影响河道正常行洪；

②采砂生产过程中出现的沟、坑应及时用采砂筛分后的弃料回填平整，回填后的弃料应不改变河道的坡度和水流流势；

③砂场在禁采期或禁采区撤离前，应按规定清除弃料，尾粒、砾石等弃料应及时按水保、环保要求处理。

7.2.3　保留区规划

7.2.3.1　保留区范围

本次规划金沙江流域玉龙香格里拉段原则上除了可采区、禁采区之外的区域均列为保留区。

7.2.3.2　保留区控制使用原则与要求

在规划期内，根据河道变化情况和采砂管理的实际需要，保留区可以转化为禁采区或可采区。由于河势条件发生恶化，或涉水工程设施兴建等，可将原来划定的保留区转化为禁采区。保留区一旦转化为禁采区，规划期内不得更改。因规划区域内沿江城市国民经济发展对砂石料的需求，尤其是玉龙县和香格里拉市的大型工程兴建急需的填筑用砂，的确需要在金沙江流域此次规划的保留区内采砂的，必须严格按照保留区启用条件，采取一事一议的审批许可方式对采砂的必要性和可行性进行论证，并按照可采区采砂可行性论证的要求，对保留区的年度控制开采量、控制开采高程、控制采砂设备数量和开采许可期限等控制性条件进行论证。若经综合论证对河道防洪、河势、通航、水生态环境和涉水工程无较大不利影响，方可将保留区转化为可采区。保留区启用后，其采砂量应包含在规划确定的年度采砂控制总量中，但是用于国家重大工程或重要基础设施建设的保留区采砂量不计入年度采砂控制总量。

7.3　金沙江(玉龙段)河道采砂信息化监管平台

7.3.1　河道采砂信息化监管平台系统背景

在当前经济社会快速发展的背景下，河道采砂作为一项重要的自然资源开采活动,在地方经济建设、基础设施建设等方面具有不可替代的作用。然而,随着采砂活动的日益频繁,其带来的问题也日益凸显,迫切需要一个高效、智能的监管系统来应对这些挑战。

（1）生态环境破坏

非法采砂行为往往不顾生态环境影响,过度开采导致河床下切、河岸坍塌,严重破坏了河流生态系统的平衡,影响水质安全,甚至引发洪水等自然灾害。

（2）河道安全威胁

无序的采砂活动改变了河道的自然形态,影响了河道的行洪能力和通航条件,对防洪安全、航道安全构成严重威胁。此外,采砂过程中产生的废弃物和噪声污染也会对周边居民的生活造成困扰。

（3）监管难度大

河道采砂点多面广,监管任务繁重。传统的人工巡查方式效率低下,难以实现对所有采砂点的全面覆盖和实时监控。此外,非法采砂者往往采用隐蔽手段逃避监管,使得监管工作更加困难。

（4）信息化水平低

当前河道采砂监管的信息化水平普遍较低,数据采集、处理和分析能力有限。监管部门之间信息共享不畅,导致监管决策缺乏科学依据和实时性。

（5）社会需求与期望高

随着公众环保意识的提高和社会对生态文明建设的重视,社会各界对河道采砂监管的期望也越来越高。公众希望政府能够采取有效措施,加强河道采砂监管,保护生态环境和河道安全。

基于以上背景,水利可视化监测系统的建设是现代水利实现可持续发展的必然趋势。此类系统的建设能使水利管理部门更及时、更客观地获得数据和信息,更准确、高效地预测、预报和预警等,更好地作出可持续发展的科学决策。使用可视化监测系统,同时也可改善水利工程的运行维护工作人员的工作环境,提高工作效率,节约水利工程的运行成本,做到无人值守、少人值班。建立一套集信息化、智能化、可视化于一体的河道采砂监管系统与平台显得尤为迫切和重要。该系统旨在通过科技手段提升监管效能,实现对河道采砂活动的全面、精准、实时监管,有效遏制非法采砂行为,保护生态环境和河道安全,满足社会公众的期望和需求。

7.3.2　河道采砂信息化监管平台系统设计思路

（1）明确系统目标

系统设计的首要任务是明确系统目标。针对河道采砂监管，系统目标应聚焦于以下几点。

1）实现全面监管

通过信息化手段，实现对河道采砂活动的全方位、全时段、全过程的监管。

2）提高监管效率

利用科技手段减少人工巡查成本，提高监管效率和准确性。

3）遏制非法采砂

通过实时监控和数据分析，及时发现并制止非法采砂行为。

4）保护生态环境

确保采砂活动在合理范围内进行，避免对生态环境造成破坏。

5）促进信息共享

加强监管部门之间的信息共享，提高监管决策的科学性和及时性。

（2）构建系统架构

系统架构是系统设计的基础，应采用先进的技术架构来支撑系统的高效运行。具体思路包括以下几点。

1）采用分层架构

如三层架构（数据中心层、交互层、用户应用层）或更多层次的架构，以确保系统的可扩展性和可维护性。

2）模块化设计

将系统划分为多个功能模块，如基础数据服务、砂石开采量统计、现场地磅管理、移动应用功能等，以便于完成各模块之间的独立开发和维护。

3）集成先进技术

融合物联网、GIS地理信息等先进技术，实现对河道采砂活动的动态监管和数据分析。

（3）确定系统功能

系统功能是实现系统目标的关键。针对河道采砂监管，系统功能应包括以下几点。

1）基础数据服务

支持对砂场、车辆等基础信息的管理。

2）现场地磅管理

实现无人值守称重任务管理，支持防作弊、异常告警、车辆识别等功能。

3）移动应用功能

提供销售统计、告警分析、车辆统计等移动端功能，方便监管人员随时随地进行监管工作。

4）综合管理平台

综合管理平台部分是整个系统的核心，可管理整个河道采砂点现场的所有监控设备，接收所辖智能设备上报的各种信息，满足用户实时查看视频信息、统一管理控制设备的需求。

（4）确保系统安全性

在系统设计中，必须充分考虑系统的安全性和可靠性。具体思路包括以下几点。

1）采用加密技术

对敏感数据进行加密存储和传输，确保数据安全。

2）设置权限管理

对不同用户设置不同的权限，确保数据的访问和使用符合规定。

3）备份和恢复机制

建立数据备份和恢复机制，防止数据丢失或损坏。

4）实时监控与告警

对系统运行状态进行实时监控，发现异常及时告警并处理。

综上所述，河道采砂监管系统的设计思路应围绕明确系统目标、构建系统架构、确定系统功能、确保系统安全性等方面展开，以实现对河道采砂活动的全面、高效、智能监管。

7.3.3 河道采砂信息化监管平台系统功能场景

基于玉龙县金沙江采砂规划以及采砂实施和监督管理的实际情况，针对性地设计一套实时监管系统，并利用信息化和智能化技术，开发完成玉龙县河道采砂信息化监管系统平台（图 7.3-1 和图 7.3-2）。采用的是海康威视水利可视化监测系统，以 iVMS-9800 平台软件为核心，实现多级联网和跨区域监控，在监控中心即可对终端系统集中监控、统一管理。针对实施的可采区，在现场安装高清视频监控设备，从而可以通过水务局大屏幕以及手机 App 即时查看采砂现场情况，辅助完成更加及时和准确的监管落实。

图 7.3-1　系统登录界面

图 7.3-2　系统功能

（1）开发河道采砂监管子系统

基于二维 GIS 技术、计算机可视化技术，采用 B/S 架构，开发河道采砂监管子系统。实现河道规划可采区的地理位置、可采砂量、规划与实施的基本信息展示；接入可采区实施监控视频信号，监控可采区的采砂实施情况（图 7.3-3 至图 7.3-5）。

图 7.3-3 监管系统卫片

图 7.3-4 可采区现场实施监控

图 7.3-5 可采区信息查询

（2）开发采砂普法宣传子系统

对河道采砂规划、许可制度、管理制度、通知公告等文件进行组织梳理，开发系统实现以上的文件管理功能，并以目录的形式供采砂群体用户查询浏览，从而达到普法与宣传的目的（图 7.3-6 和图 7.3-7）。

图 7.3-6　采砂规划文本查阅

图 7.3-7　采砂管理政策法规

（3）开发可采区工程资料管理子系统

以可采区为单位，针对可采区的工程资料（包括拍卖资料、监管记录、照片、视频等文档或者多媒体资料），开发系统进行管理、展示（图 7.3-8 至图 7.3-11）。

图 7.3-8　可采区地表高程分析

图 7.3-9　玉龙县河道采砂信息化监管系统平台——后台界面

图 7.3-10　塔城四组现场监控以及现场监控手机端查看

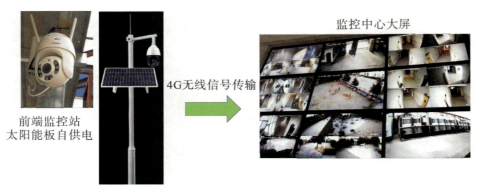

图 7.3-11　水利可视化监测系统由监控中心和前端监控站组成

7.4　金沙江(玉龙段)河道采砂定期现场监测

7.4.1　定期现场监测作业流程

定期现场监测作业流程见图 7.4-1。

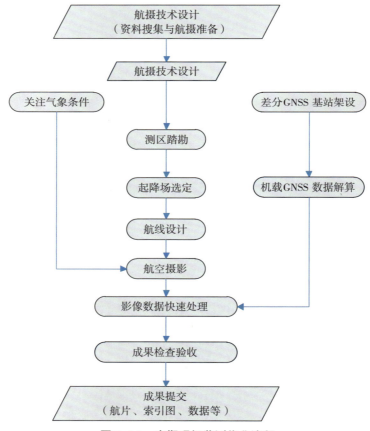

图 7.4-1　定期现场监测作业流程

7.4.2　航线设计

（1）像片重叠

①航向重叠度为 $80\%\sim85\%$，其相邻像对的航向重叠度不小于 58%，能确保测图定向点和测绘工作边距像片边缘不小于 1.5cm。

②沿图幅中心线和沿旁向两幅相邻图幅公共图廓线敷设航线。

③相邻航线的像片旁向重叠度为 $50\%\sim55\%$，保证图廓线距像片边缘不小于 1.5cm。

（2）像片倾斜角

像片倾斜角不大于 $5°$。

（3）像片旋偏角

①本次航摄比例尺为 1∶2000，旋偏角不大于 $10°$。

②在一条航线上达到或接近最大旋偏角的像片数不超过 3 片；在一个摄区内出现最大旋偏角的像片数不超过摄区像片总数的 4%。

（4）航线弯曲度

航线弯曲度不大于 3%。

（5）航高保持

①同一条航线上相邻像片的航高差不大于 20m；最大航高与最小航高之差不大于 30m。

②航摄分区内实际航高与设计航高之差不大于 50m。

7.4.3　空三加密

采用空三计算软件进行测区空三加密，实现基于多视影像的外方位元素精密解算。空三加密是摄影测量内业产品生产的第一个步骤，其有效成果精度受很多种因素影响，如 POS 精度、像片质量、匹配策略、控制点量测精度等。

7.4.4　数据生产

（1）DEM 数据生产

对 DEM 采集的要求：DEM 采集主要包括道路、水系、铁路，以及各种地形特征线、断裂线等自然地貌要素，构成 DEM 的要素要求精度小于 1m，为了避免在短距离内 DEM 发生突变而影响精度，要求所有断裂线交叉处必须打断，线状地物接头处高程值唯一。

DEM 数据生产流程见图 7.4-2。

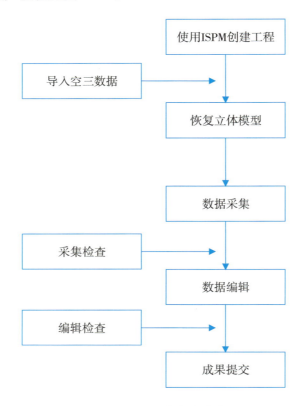

图 7.4-2　DEM 数据生产流程

（2）DOM 数据生产

有以下产品成果的基本要求。

①影像预处理。数字正射影像应影像清晰，片与片之间影像尽量保持色调均匀、反差适中，当色彩不一致时应进行色彩调整。图面上不得有图像处理所留下的缺陷，在屏幕上应具有良好的目视效果。

②影像镶嵌。经过镶嵌的数字正射影像拼接处不允许出现影像裂痕或模糊的现象，不应出现色彩反差大、地物纹理错位的情况，其镶嵌边处不应有明显的色调改变。

③正射影像接边。应与相邻正射影像接边，接边误差不应大于相关规范文件的规定，地物影像、纹理和色彩均应接边，接边后不应出现影像缝隙或影像模糊现象。

④图幅正射影像裁切。影像覆盖范围以图幅内图廓线最小外接矩形向四周扩展 20m，以矩形范围提供数据。

⑤不满幅的图幅裁切区域内以白色填充。

⑥正射影像数据以一幅图为一个数据文件，其反差、色调适中，以工业无压缩

TIFF 格式记录。

⑦制作 DOM 过程中产生的影像定位信息文件应统一为 .tfw 文件。

7.4.5 现场监测过程

玉龙县金沙江可采区面积较大，滩地较多，通过传统的人工测量方式进行地形监测会耗费大量的人力、物力、财力，并且作业效率不高，严重影响项目的研究进度。通过对可采区无人机遥感数据进行空三计算得到 DEM 数据，再利用 GIS 对开挖前后的可采区地形进行空间连续的工程填挖砂石方量分析，可掌握可采区砂石填挖的情况，为可采区动态监测和采砂规划等管理工作提供技术和数据支撑。

为对可采区开挖前后的地形进行定量化分析，长江水利委员会长江科学院于 2020 年 5 月开展了第一期无人机勘测，并于 2021 年 5 月开展了第二期无人机勘测。

（1）第一期无人机勘测任务

2020 年 5 月 11 日，长江水利委员会长江科学院地形勘测相关技术人员与玉龙县水利局相关工作人员进行会谈，就采区情况和监测需求进行交流与会商，并对勘测行程进行安排确认。第一期勘测任务所在地见表 7.4-1。

表 7.4-1　　　　　　　　　　　第一期勘测任务所在地

所在地	勘测位置
玉龙县	忠义河口
玉龙县	上元村
玉龙县	大同村
玉龙县	四兴村四组
玉龙县	武侯村
玉龙县	白连村
玉龙县	塔城四组

（2）第二期无人机勘测任务

2020 年 5 月 13 日，在第一期监测基础上，我单位地形勘测相关技术人员与玉龙县水利局相关工作人员进行会谈，就采区开挖情况及第二期勘测行程进行安排确认。第二期勘测任务所在地见表 7.4-2。

表 7.4-2　　　　　　　　　　第二期勘测任务所在地

所在地	勘测位置
玉龙县	忠义河口
玉龙县	大同村
玉龙县	武侯村
玉龙县	塔城四组

（3）无人机航测过程

1）判断天气条件

无人机航测，气象条件的好坏是前提。出发航拍之前，要掌握当日天气情况，并观察云层厚度、光照和大气能见度。

2）到达起飞地点

确定天气状况、云层分布情况适合航拍后，带上无人机等相关设备赶赴航拍起飞点。起飞点通常事先进行考察，要求现场比较平坦，无电线、高层建筑等，并提前确定好航拍架次及顺序。

3）测定现场风速

到达现场后，测定风速。大疆精灵 4 无人机可抗 7 级风速，适应温度为 0～40℃。

4）当天作业日志

记录当天风速、天气、起降坐标等信息，留备日后数据参考和分析总结。

5）姿态角度调整

对飞机姿态、角度进行调整。无人机机体内都配备有电子罗盘、磁校准等设备来确保飞机在飞行过程中的自我姿态控制，由于各地地磁情况不一，大疆精灵 4 自带校准系统用来应对各地不同地磁情况对无人机的干扰。

6）手动遥控测试

将飞行模式调至手动遥控飞行状态，测试机头、机身、尾翼是否能按指令操作。手动遥控模式主要用于无人机起飞和降落时遇特殊情况时的应急处理。

7）起飞前准备。

起飞前要检查进行航拍相机与飞控系统是否连接，降落伞包处于待命状态，与风向平行、无人员车辆走动等。

8）无人机起飞

各项准备工作完毕后，就可以起飞。这时，操作手应持手动操作杆待命，观察现场状况，根据需要随时手动调整无人机姿态及飞行高度。

9）飞行监测

这个过程主要包括以下 3 个工作：

①对航高、航速、飞行轨迹进行监测；

②对发动机转速和空速、地速进行监控；

③随时检查照片拍摄数量。

10）无人机降落

无人机按设定路线飞行航拍完毕后，降落在指定地点。操作手到指定地点待命，在降落现场突发大风、人员走动等情况时及时调整降落地点。

11）数据导出检查

降落后，对照片数据和无人机整体进行检查评估，结合贴线率和姿态角判断是否复飞，继续完成附近区域的航拍任务或转场。

（4）地形勘测过程工作记录

第一期无人机勘测工作见图 7.4-3。第二期无人机勘测工作见图 7.4-4。

图 7.4-3　第一期无人机勘测工作

图 7.4-4　第二期无人机勘测工作

7.5　金沙江(玉龙段)河道采砂监管成效评估

7.5.1　地形变化

（1）忠义河口可采区

按数据生产方法，经过一系列数据处理，获取 DEM、DOM 和三维模型数据。忠义河口可采区 2020—2023 年 DEM 数据见图 7.5-1。忠义河口可采区 2020—2023 年 DOM 数据见图 7.5-2。

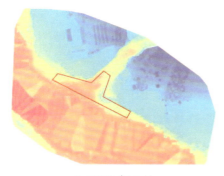
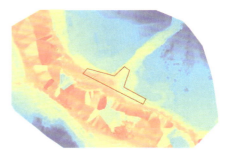

(a)2020 年 5 月　　　　　　　　　　(b)2021 年 5 月

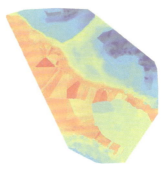

(c)2022 年 11 月 　　　　　　　　 (d)2023 年 5 月

图 7.5-1　忠义河口可采区 2020—2023 年 DEM 数据

(a)2020 年 5 月 　　　　　　　　 (b)2021 年 5 月

(c)2022 年 11 月 　　　　　　　　 (d)2023 年 5 月

图 7.5-2　忠义河口可采区 2020—2023 年 DOM 数据

对比两期影像,选择无砂石高程变化的位置点,对比其高程值,计算得出影像测量误差(表 7.5-1)。

表 7.5-1　　　　　　　　　　忠义河口可采区同位点精度分析

序号	X 值	Y 值	2020 年 5 月 Z 值/m	2021 年 5 月 Z 值/m	2022 年 11 月 Z 值/m
1	605871.036	2995640.434	1823.002930	1823.099854	1823.066928
2	606136.149	2995555.767	1827.211792	1827.293525	1827.365849
3	605948.294	2995646.784	1826.503418	1826.582061	1826.666094
4	606008.619	2995647.313	1830.104614	1830.183999	1830.160041
5	606183.245	2995399.133	1811.674194	1811.659668	1811.645138
6	605683.710	2995621.384	1800.171143	1800.253130	1800.351911
7	605779.490	2995714.517	1813.605825	1813.689858	1813.773891
8	605867.332	2995711.342	1820.210693	1820.306426	1820.369804
9	605971.048	2995697.584	1825.285767	1825.358091	1825.441415
10	605911.253	2995612.388	1819.937949	1820.010386	1820.082823

　　按照《工程测量规范》(GB 50026—2022)1:500 地形图最高精度要求,高程误差应小于 0.167m。假定第一期高程测量值为真值,由表 7.5-1 可知,高程差值均小于 0.1m,符合《工程测量规范》(GB 50026—2022)精度要求。

　　通过对两期倾斜摄影成果进行计算,获取总体砂石量变化数据,其中基准(两期影像高程相等处)面以上体积为 18711m³,基准面以下体积为 33415m³。忠义河口可采区 2020—2021 年高程变化分布见图 7.5-3。

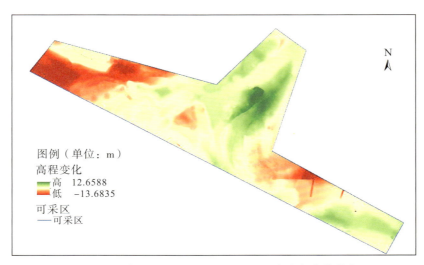

图 7.5-3　忠义河口可采区 2020—2021 年高程变化分布

　　通过对两期倾斜摄影成果进行计算,获取总体砂石量变化数据,其中基准(两期影像高程相等处)面以上体积为 70422m³,基准面以下体积为 13395m³。忠义河口可采区 2021—2022 年高程变化分布见图 7.5-4。

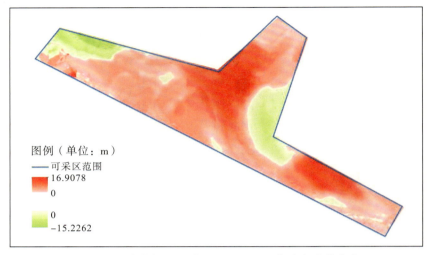

图例（单位：m）
—— 可采区范围
16.9078
0

0
−15.2262

图 7.5-4　忠义河口可采区 2021—2022 年高程变化分布

基于高程变化分布图及两期影像对比可以看出，在可采区范围内大部分地区高程增大（图中红色区域），两个区域出现显著的挖深（图中绿色区域），而且地形总的变化量为正值，即表明总体上堆积了约 5.7 万 m³。结合现场影像图判断，该可采区存在一定的超范围开采，且局部区域存在超深度开采问题。

基于高程变化分布图及两期影像对比，开挖区域与高程变化分布图基本一致，由高程分布图可以看出，大部分区域高程变低，可认为高程变低区域为砂石开挖区域，考虑堆积量较大，因此认为堆积量也是开采量，即开采量为 52126m³。

通过对两期倾斜摄影成果进行计算，获取总体砂石量变化数据，其中基准（两期影像高程相等处）面以上体积为 1.0883 万 m³，基准面以下体积为 1.9668 万 m³。忠义河口可采区 2022—2023 年高程变化分布见图 7.5-5。

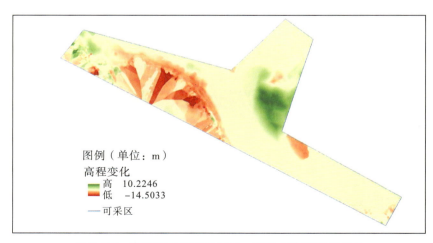

图例（单位：m）
高程变化
■ 高　10.2246
■ 低　−14.5033
—— 可采区

图 7.5-5　忠义河口可采区 2022—2023 年高程变化分布

　　基于高程变化分布图及两期影像对比,开挖区域与高程变化分布图基本一致。由高程分布图可以看出,大部分区域高程变低,可认为高程变低区域为砂石开挖区域,即开采量为 1.9668 万 m³。

　　(2)大同可采区

　　按上述数据生产方法,经过一系列数据处理,获取 DEM、DOM 和三维模型数据。大同可采区 2020—2023 年 DEM 数据见图 7.5-6。大同可采区 2020—2023 年 DOM 数据见图 7.5-7。

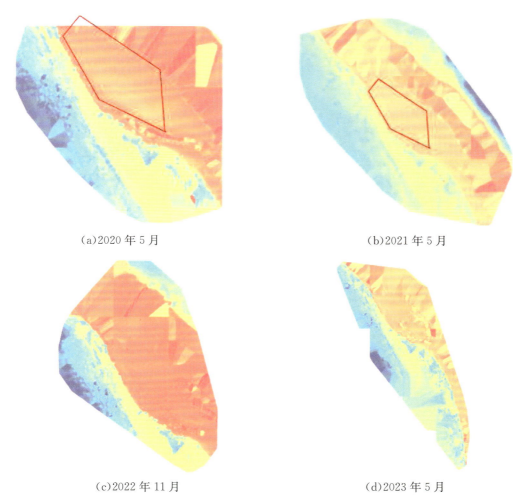

(a)2020 年 5 月　　　　　　　　　　　(b)2021 年 5 月

(c)2022 年 11 月　　　　　　　　　　　(d)2023 年 5 月

图 7.5-6　大同可采区 2020—2023 年 DEM 数据

(a)2020 年 5 月

(b)2021 年 5 月

(c)2022 年 11 月

(d)2023 年 5 月

图 7.5-7　大同可采区 2020—2023 年 DOM 数据

对比两期影像，选择无砂石高程变化的位置点，对比其高程值，计算得出两期影像测量误差（表 7.5-2）。

表 7.5-2　　　　　　　　　　大同可采区同位点精度分析

序号	X 值	Y 值	2020 年 5 月 Z 值/m	2021 年 5 月 Z 值/m	2022 年 11 月 Z 值/m
1	594914.264	2976009.789	1793.205444	1793.275635	1793.294827
2	595092.079	2975755.201	1790.951904	1791.033750	1791.105614
3	595092.079	2975986.675	1782.743896	1782.778809	1782.824622
4	595296.103	2975719.589	1783.396118	1783.355835	1783.315555
5	595080.208	2975987.417	1782.733521	1782.819365	1782.885209
6	595405.163	2975712.912	1783.210693	1783.295044	1783.218693
7	595382.906	2975612.755	1785.056152	1785.133452	1785.220905

续表

序号	X 值	Y 值	2020 年 5 月 Z 值/m	2021 年 5 月 Z 值/m	2022 年 11 月 Z 值/m
8	595328.005	2975718.847	1784.344727	1784.265259	1784.185789
9	595365.842	2975647.624	1783.060020	1783.157603	1783.243186
10	595290.167	2975865.003	1782.551392	1782.468213	1782.385033

按照《工程测量规范》(GB 50026—2022)1∶500 地形图最高精度要求,高程误差应小于 0.167m。假定第一期高程测量值为真值,由表 7.5-2 可知,高程差值均小于 0.1m,符合《工程测量规范》(GB 50026—2022)精度要求。

通过对两期倾斜摄影成果进行计算,获取总体砂石量变化数据,其中基准(两期影像高程相等处)面以上体积为 2805.791m³,基准面以下体积为 57918.16m³。大同可采区 2020—2021 年地形高程变化见图 7.5-8。

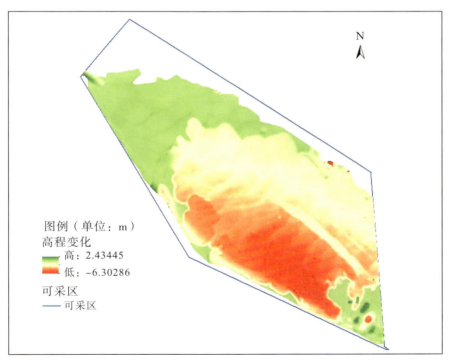

图 7.5-8 大同可采区 2020—2021 年地形高程变化

基于高程变化分布图及两期影像对比,开挖区域与高程变化分布图基本一致。由高程分布图可以看出,大部分区域高程变低,可认为高程变低区域为砂石开挖区域,故开挖量为 57918.16m³。

通过对两期倾斜摄影成果进行计算,获取总体砂石量变化数据,其中基准(两期影像高程相等处)面以上体积为 19505m³,基准面以下体积为 12815m³。大同可采区 2021—2022 年地形高程变化见图 7.5-9。

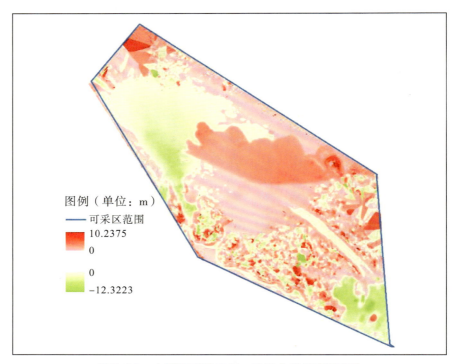

图 7.5-9　大同可采区 2021—2022 年地形高程变化

基于高程变化分布图及两期影像对比,在可采区范围内大部分地区高程增大(图中红色区域),两个区域出现显著的挖深(图中绿色区域),一个是可采区末端,一个是可采区中上部。地形总的变化量为正值,即表明总体上堆积了约 0.7 万 m³。结合现场影像图判断,该可采区开采总体上较为规范,但是局部区域存在超深度开采问题。

通过对两期倾斜摄影成果进行计算,获取总体砂石量变化数据,其中基准(两期影像高程相等处)面以上体积为 1.8246 万 m³,基准面以下体积为 2.1888 万 m³。大同可采区 2022—2023 年地形高程变化见图 7.5-10。

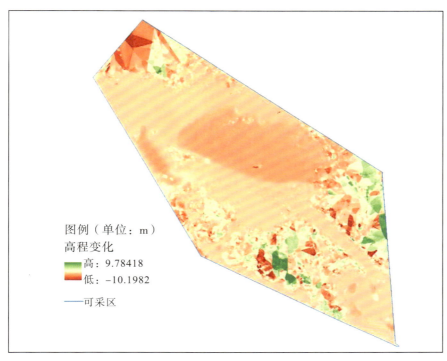

图 7.5-10　大同可采区 2022—2023 年地形高程变化

（3）武侯可采区

按上节数据生产方法，经过一系列数据处理，获取 DEM、DOM 及三维模型数据。武侯可采区 2020—2023 年 DEM 数据见图 7.5-11。武侯可采区 2020—2023 年 DOM 数据见图 7.5-12。

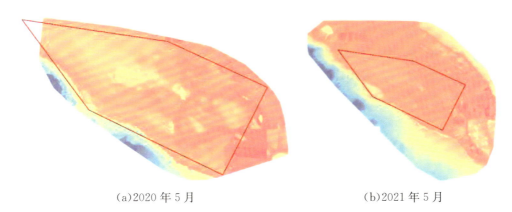

（a）2020 年 5 月　　　　　　　　　（b）2021 年 5 月

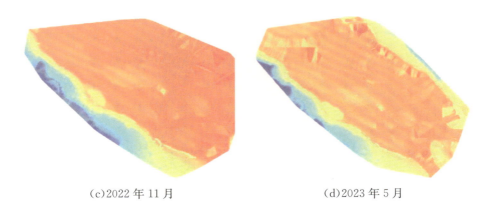

(c)2022 年 11 月 　　　　　　　　　(d)2023 年 5 月

图 7.5-11　武侯可采区 2020—2023 年 DEM 数据

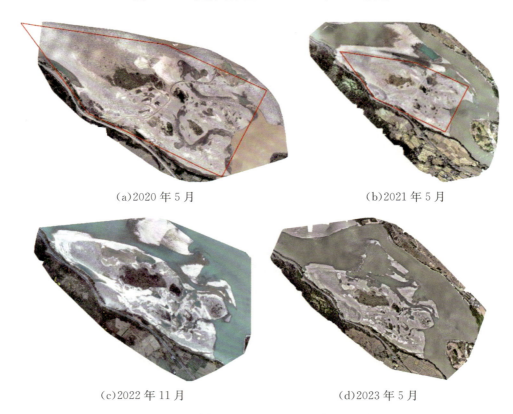

(a)2020 年 5 月 　　　　　　　　　(b)2021 年 5 月

(c)2022 年 11 月 　　　　　　　　　(d)2023 年 5 月

图 7.5-12　武侯可采区 2020—2023 年 DOM 数据

　　对比两期影像,选择无砂石高程变化的位置点,对比其高程值,计算得出两期影像测量误差(表 7.5-3)。

表 7.5-3　　　　　　　　　　　武侯可采区同位点精度分析

序号	X 值	Y 值	2020 年 5 月 Z 值/m	2021 年 5 月 Z 值/m	2022 年 11 月 Z 值/m
1	566292.402	3018170.372	1824.799438	1824.784912	1824.799442
2	566363.522	3018175.188	1827.606812	1827.577881	1827.606811
3	566366.697	3018173.071	1827.589966	1827.626709	1827.589966
4	566520.286	3018178.199	1826.799805	1826.829102	1826.799805
5	566810.987	3018046.403	1827.436157	1827.404907	1827.436157
6	566780.030	3018172.213	1824.170532	1824.211304	1824.170532
7	566646.680	3017862.649	1823.279883	1823.227295	1823.279885
8	566799.874	3018169.831	1824.311621	1824.279565	1824.311625
9	566612.549	3018286.910	1822.671631	1822.638062	1822.671632
10	566569.924	3018285.031	1823.515869	1823.461304	1823.515874

按照《工程测量规范》(GB 50026—2022)1∶500 地形图最高精度要求,高程误差应小于 0.167m。假定第一期高程测量值为真值,由表 7.5-3 可知,高程差值均小于 0.1m,符合《工程测量规范》(GB 50026—2022)精度要求。

通过对两期倾斜摄影成果进行计算,获取总体砂石量变化数据,其中基准(两期影像高程相等处)面以上体积为 217254.5m³,基准面以下体积为 81739.11m³。武侯可采区 2020—2021 年高程变化分布见图 7.5-13。

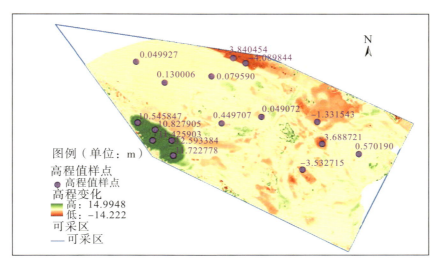

图 7.5-13　武侯可采区 2020—2021 年高程变化分布

叠加 2021 年 5 月影像及总体砂石变化分布图,结合三维模型可以看出,靠近公路边位置为砂石集中堆放区,该区域体积为 116066.5344m³。

通过对两期倾斜摄影成果进行计算,获取总体砂石量变化数据,其中基准(两期影像高程相等处)面以上体积为 45695m³,基准面以下体积为 264387m³。武侯可采区 2021—2022 年高程变化分布见图 7.5-14。

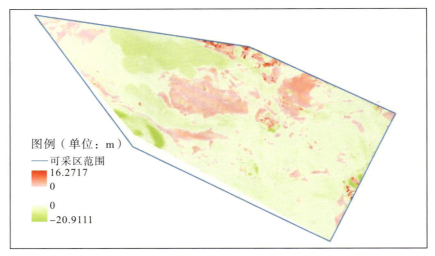

图 7.5-14　武侯可采区 2021—2022 年高程变化分布

基于高程变化分布图及两期影像对比,在可采区范围内大部分区域为显著的挖深(图中绿色区域),总的地形变化量为 218692m³,约为 39.4 万 t,超过年度控制开采量 25 万 t。该可采区存在超量开采问题,且局部存在超过控制开采深度问题。

通过对两期倾斜摄影成果进行计算,获取总体砂石量变化数据,其中基准(两期影像高程相等处)面以上体积为 9.4941 万 m³,基准面以下体积为 5.9545 万 m³。武侯可采区 2022—2023 年高程变化分布见图 7.5-15。

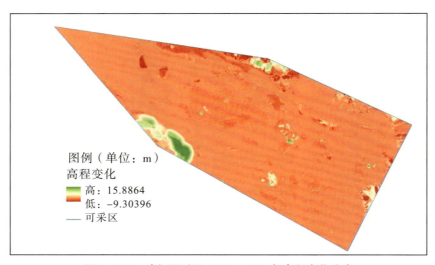

图 7.5-15　武侯可采区 2022—2023 年高程变化分布

基于高程变化分布图及两期影像对比,开挖区域与高程变化分布图基本一致。由高程分布图可以看出,大部分区域高程变低,可认为高程变低区域为砂石开挖区域,即开采量为 5.9545 万 m³。

(4)塔城可采区

按数据生产方法,经过一系列数据处理,获取 DEM、DOM 及三维模型数据。塔城可采区 2020—2023 年 DEM 数据见图 7.5-16。塔城可采区 2022—2023 年 DOM 数据见图 7.5-17。

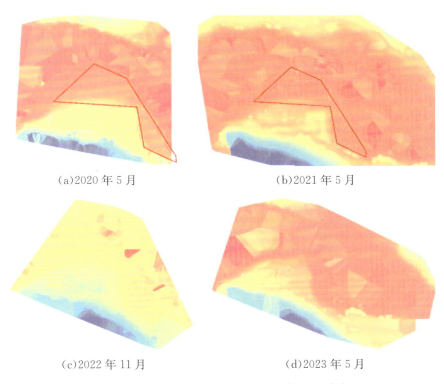

(a)2020 年 5 月　　　　　　　　(b)2021 年 5 月

(c)2022 年 11 月　　　　　　　　(d)2023 年 5 月

图 7.5-16　塔城可采区 2020—2023 年 DEM 数据

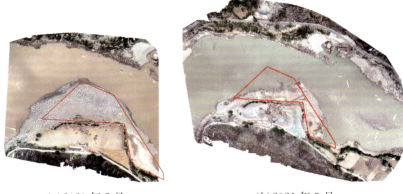

(a)2020 年 5 月　　　　　　　　(b)2021 年 5 月

(c)2022 年 11 月　　　　　　　　　　(d)2023 年 5 月

图 7.5-17　塔城可采区 2022—2023 年 DOM 数据

　　对比两期影像,选择无砂石高程变化的位置点,对比其高程值,计算得出两期影像测量误差(表 7.5-4)。

表 7.5-4　　　　　　　　　　　　塔城可采区同位点精度分析

序号	X 值	Y 值	2020 年 5 月 Z 值/m	2021 年 5 月 Z 值/m	2022 年 11 月 Z 值/m
1	553680.279	3049767.957	1865.793213	1865.865771	1865.938329
2	553492.979	3049743.340	1861.377563	1861.455586	1861.533609
3	553753.058	3049774.022	1859.655273	1859.684204	1859.713135
4	553634.613	3049726.216	1868.267944	1868.187095	1868.106245
5	553545.066	3049721.578	1868.224365	1868.304126	1868.383887
6	553723.447	3049791.860	1859.830688	1859.914692	1859.998696
7	553714.528	3049785.438	1861.391846	1861.419556	1861.447266
8	553689.911	3049804.346	1860.038940	1859.941406	1859.843876
9	553741.641	3049786.151	1859.493408	1859.509644	1859.525880
10	553492.622	3049743.340	1861.369507	1861.446655	1861.446655

　　按照《工程测量规范》(GB 50026—2022)1:500 地形图最高精度要求,高程误差应小于 0.167m。假定第一期高程测量值为真值,由表 7.5-4 可知,高程差值均小于 0.1m,符合《工程测量规范》(GB 50026—2022)精度要求。

　　通过对两期倾斜摄影成果进行计算,获取总体砂石量变化数据,其中基准(两期影像高程相等处)面以上体积为 3868.489m³,基准面以下体积为 47033.11m³。塔城可采区 2020—2021 年高程变化分布见图 7.5-18。

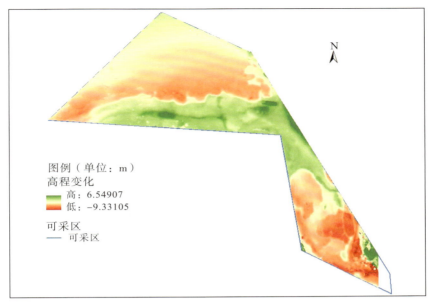

图 7.5-18 塔城可采区 2020—2021 年高程变化分布

基于高程变化分布图及两期影像对比,开挖区域与高程变化分布图基本一致。由高程分布图可以看出,大部分区域高程变低,可认为高程变低区域为砂石开挖区域,因此开挖量为 47033.11m³。

通过对两期倾斜摄影成果进行计算,获取总体砂石量变化数据,其中基准(两期影像高程相等处)面以上体积为 13524m³,基准面以下体积为 20178m³。塔城可采区 2021—2022 年高程变化分布见图 7.5-19。

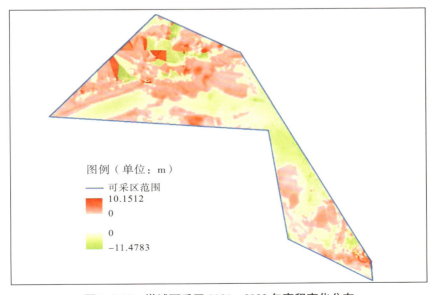

图 7.5-19 塔城可采区 2021—2022 年高程变化分布

基于高程变化分布图及两期影像对比,开挖区域与高程变化分布图基本一致。由高程分布图可以看出,大部分区域高程变低,可认为高程变低区域为砂石开挖区域,总的地形变化量为 6654m³,约为 1.2 万 t。结合现场影像可以判断,该可采区存在超范围开采问题,且局部存在超过控制开采深度问题。

通过对两期倾斜摄影成果进行计算,获取总体砂石量变化数据,其中基准(两期影像高程相等处)面以上体积为 5.1815 万 m³,基准面以下体积为 1.1377 万 m³。塔城可采区 2022—2023 年高程变化分布见图 7.5-20。

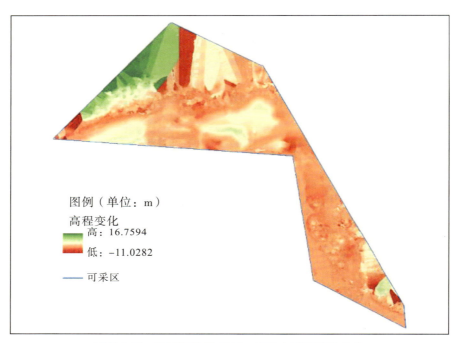

图 7.5-20　塔城可采区 2022—2023 年高程变化分布

基于高程变化分布图及两期影像对比,开挖区域与高程变化分布图基本一致。由高程分布图可以看出,大部分区域高程变低,可认为高程变低区域为砂石开挖区域,故开挖量为 1.1377 万 m³。

7.5.2　总量变化

根据《金沙江干流五境乡至虎跳峡段河道采砂规划(2020—2024 年)》,玉龙县共布置 11 个可采区,目前已开采采区有 9 个(表 7.5-5),2 个未开采(陇巴河口和红岩村采区)。

表 7.5-5　　　　　　　　　　玉龙县已开采采区情况

采区位置	2020—2021 年	2021—2022 年	2022—2023 年	年控制开采量
忠义河口	3.34 万 m³，约 6.01 万 t	5.7 万 m³，约 10.26 万 t	1.97 万 m³，约 3.546 万 t	8 万 t
上元村	—	3.1771 万 m³，约 5.7 万 t	3.82 万 m³，约 6.876 万 t	7 万 t
大同村	5.79 万 m³，约 10.42 万 t	0.70 万 m³，约 1.26 万 t	2.19 万 m³，约 3.942 万 t	12 万 t
红岩村	—	—	16.75 万 m³，约 30.15 万 t	29 万 t
茨科村	—	—	12.45 万 m³，约 22.41 万 t	20 万 t
金庄河口	—	—	0.18 万 m³，约 0.324 万 t	15 万 t
武侯村	1.11 万 m³，约 1.99 万 t	21.8692 万 m³，约 39.4 万 t	5.95 万 m³，约 10.71 万 t	25 万 t
白连村	—	—	18.22 万 m³，约 33.8 万 t	20 万 t
塔城四组	4.70 万 m³，约 8.46 万 t	0.6654 万 m³，约 1.2 万 t	1.13 万 m³，约 2.034 万 t	6 万 t

7.5.3　监管反馈建议

查勘时间为 2020 年 7 月 8 日。查勘期间为汛期,石鼓站流量约为 4300m³/s。

（1）石鼓镇大同村可采区

石鼓镇大同村可采区尚未进行采砂作业,查勘期间可采区大部分已经被江水淹没(图 7.5-21)。等禁采期过后,如果要进行采砂活动,可能需要在周边修建临时运输道路,现场监控摄像头的安装位置预期等采砂实施方案确定后,根据现场开采位置和输运路线来确定。

图 7.5-21　石鼓镇大同村可采区现场

（2）黎明乡茨科村可采区

黎明乡茨科村可采区情况与大同村采区类似，尚未进行采砂作业，查勘期间可采区大部分已经被江水淹没（图 7.2-22）。等禁采期过后，如果要进行采砂活动，可能需要在周边修建临时运输道路，现场监控摄像头的安装位置预期等采砂实施方案确定后，根据现场开采位置和输运路线来确定。

图 7.5-22　黎明乡茨科村可采区现场

（3）巨甸镇巨甸武侯可采区

巨甸镇巨甸武侯可采区在禁采期之前进行了采砂作业，汛期的禁采期停止了采砂作业。但是目前大量砂石堆积在河岸边上，形成了巨大的堆场，堆积泥沙紧邻金沙江干流（图 7.5-23）。根据《金沙江干流五境乡至虎跳峡段河道采砂规划（2020—2024年）》要求，堆砂场应设置在河道管理范围以外，确实需要在河道管理范围内设置堆砂场时,应该符合岸线规划,并且按照有关规定办理批准手续。目前,该地区的堆砂不符合堆场设置要求,并且可能对金沙江防洪安全造成不利影响,须尽快将堆积砂石运输到符合堆场设置要求的堆场。通过现场查勘,已确定监控安装具体位置,2020 年 7 月底完成该可采区现场监控安装和使用。

图 7.5-23　巨甸镇巨甸武侯可采区现场堆积砂石

（4）塔城乡塔城四组可采区

塔城乡塔城四组可采区在禁采期之前进行了采砂作业,汛期的禁采期停止了采砂作业,查勘时候现场正在进行砂石分选和加工处理作业（图 7.5-24）。塔城四组可采区在现场已经设置了临时住房、地泵称重（图 7.5-25）。

图 7.5-24　塔城乡塔城四组可采区现场砂石加工

图 7.5-25　塔城乡塔城四组可采区现场临时住房以及现场地泵

目前,大量砂石堆积在河岸边上,形成了巨大的堆场,经问询,该地块作为堆场使用已经取得国土部门批准。虽然该地块所处地势较高,但是考虑到2018年金沙江上游白格堰塞湖事件中,此处的洪水位曾超过该高程,判定此处为金沙江干流河道管理范围,根据《金沙江干流五境乡至虎跳峡段河道采砂规划(2020—2024年)》要求,堆砂场应设置在河道管理范围以外,确实需要在河道管理范围内设置堆砂场时,应该符合岸线规划,并且按照有关规定办理批准手续,因此该地块作为堆场和加工处理厂还应该征求水行政主管意见。

此外,塔城四组可采区有一艘采砂船停置于金沙江干流河道内(图7.5-26)。按照《金沙江干流五境乡至虎跳峡段河道采砂规划(2020—2024年)》要求,该可采区的采砂方式仅为旱采,不允许使用采砂船进行砂石开采,并且汛期将采砂船停置于河道中有很大的安全隐患,须尽快将采砂船运走,并且严格禁止可采期内使用采砂船进行砂石开采或洗砂行为。

图7.5-26 塔城乡塔城四组可采区放置于江中采砂船

通过现场查勘,已确定监控安装具体位置,2020年7月底完成该可采区现场监控安装和使用。

(5)建议

①巨甸镇巨甸武侯可采区有大量砂石堆积在河岸边,不符合堆场设置要求,可能对金沙江防洪安全造成不利影响,须尽快将堆砂运输到符合规定的堆场;

②塔城乡塔城四组采区有大量砂石堆积在河岸边,并且直接在河岸边进行砂石的加工处理,该地块作为堆场和加工处理厂需要征求水行政主管部门的意见,并按照有关规定办理批准手续;

③塔城乡塔城四组可采区有一艘采砂船停置于金沙江干流河道内,须尽快将采砂船运走,并且严格禁止使用采砂船进行砂石开采或洗砂行为。

7.6　小结与分析

金沙江(玉龙—香格里拉段)采砂规划河段位于金沙江上中游交界处,具有丰富的河道砂石资源。通过设定禁采区、可采区,对河段内砂石资源进行合理规划。针对金沙江(玉龙段)河道采砂活动带来的生态环境破坏、河道安全威胁、监管难度大等问题,开发了一套集信息化、智能化、可视化于一体的河道采砂监管平台。该平台采用海康威视水利可视化监测系统,以 iVMS-9800 平台软件为核心,实现了多级联网及跨区域监控,支持高清视频监控、现场地磅管理、移动应用 App 等多种功能,旨在提高监管效率,遏制非法采砂,保护生态环境,满足社会公众对河道采砂监管的期望。通过该平台,监管部门能够实时掌握采砂现场情况,确保采砂活动合法合规,促进水资源的可持续利用。

玉龙县金沙江(玉龙段)河道采砂定期现场监测采用无人机遥感技术,通过精心设计的航线(包括像片重叠、倾斜角、旋偏角、航线弯曲度、航高保持等参数)进行高效、精确的数据采集。监测过程包括天气条件判断、现场风速测定、无人机起飞前准备、飞行监测、数据导出检查等环节。利用无人机获取的高分辨率影像,经过空三加密、DEM 和 DOM 数据生产等处理,实现对可采区开挖前后地形的定量化分析,为河道采砂的动态监测和规划管理提供了强有力的技术和数据支持。此方法不仅提高了监测效率,还大大减少了人力、物力和财力的投入。

对忠义河口、大同、武侯、塔城 4 个可采区 2020—2023 年的 DEM、DOM 及三维模型数据进行分析,结果显示各可采区在不同年度的砂石量变化显著,其中大部分区域经历了高程增大的堆积过程,而部分区域则出现了明显的挖深现象。基于《工程测量规范》(GB 50026—2022)的精度要求,所有测量结果均在允许误差范围内。值得注意的是,某些可采区在 2021—2022 年存在超量开采问题,如武侯采区超出年度控制开采量近 1.5 倍;同时,塔城四组可采区存在超范围开采,以及在河道管理范围内不当设置堆砂场和加工处理厂的问题。针对上述问题,提出加强监管措施,包括加快堆砂转移、确保堆砂场合规性、禁止非法使用采砂船等建议,以保障金沙江干流的防洪安全和生态环境。

参考文献

［1］李晓妹.国内外河道采砂管理体制对比研究［J］.中国矿业,2010,19(9):50-62.

［2］丁继勇,林欣,卢晓丹,等.河道采砂管理问题及其研究进展［J］.水利水电科技进展,2021,41(4):81-88.

［3］鲍军,叶炜民.河道采砂管理现状与对策思考［J］.中国水能及电气化,2023(12):59-63.

［4］陈茂山,吴强,王晓娟,等.河道采砂管理现状与立法建议［J］.水利发展研究,2019,19(7):1-5.

［5］张细兵,张军,李刚.河道砂石采运管理单系统在长江采砂监管中的应用与成效［J］.中国水利,2024(16):29-33.

［6］蒋婕妤,钟艳红.湖南省河道采砂管理的实践与思考［J］.湖南水利水电,2020(3):106-108.

［7］袁锦虎,张立存,黎洲,等.江西省河道采砂政府统一开采经营管理模式的探索与思考［J］.江西水利科技,2023,49(3):223-230.

［8］叶炜民,张博.推行河道砂石统一开采管理的模式探析［J］.中国水利,2024(16):25-28.

［9］余韵,杨建锋.全球砂石资源开发利用态势与治理对策研究［J］.中国矿业,2020,29(4):6-10.

图书在版编目（CIP）数据

长江上游河道砂石资源管理研究与实践 / 李志晶等著 .

武汉：长江出版社，2024. 11. -- ISBN 978-7-5492-9922-5

Ⅰ . TV141

中国国家版本馆 CIP 数据核字第 2024XT6066 号

长江上游河道砂石资源管理研究与实践

CHANGJIANGSHANGYOUHEDAOSHASHIZIYUANGUANLIYANJIUYUSHIJIAN

李志晶等　著

责任编辑：　郭利娜　　吴明洋

装帧设计：　郑泽芒

出版发行：　长江出版社

地　　址：　武汉市江岸区解放大道 1863 号

邮　　编：　430010

网　　址：　https://www.cjpress.cn

电　　话：　027-82926557（总编室）

　　　　　　027-82926806（市场营销部）

经　　销：　各地新华书店

印　　刷：　武汉新鸿业印务有限公司

规　　格：　787mm×1092mm

开　　本：　16

印　　张：　13.25

字　　数：　320 千字

版　　次：　2024 年 11 月第 1 版

印　　次：　2024 年 11 月第 1 次

书　　号：　ISBN 978-7-5492-9922-5

定　　价：　98.00 元